U0078563

敬请惠存

健余
2014.12.7

如何擺脫22K的夢魘？

贏在起跑點的職場攻略

發現生命的價值　肯定生命的可貴

國家圖書館出版品預行編目資料

如何擺脫22K的夢魘?:贏在起跑點的職場攻略 / 王健全著. -- 初版一刷. -- 臺北市: 三民, 2014
面; 公分. -- (LIFE系列)

ISBN 978-957-14-5967-7 (平裝)

1. 職場成功法

494.35 103020909

© 如何擺脫22K的夢魘?
——贏在起跑點的職場攻略

著作人	王健全
責任編輯	王惠民
美術設計	黃宥慈
發行人	劉振強
著作財產權人	三民書局股份有限公司
發行所	三民書局股份有限公司
	地址 臺北市復興北路386號
	電話 (02)25006600
	郵撥帳號 0009998-5
門市部	(復北店) 臺北市復興北路386號
	(重南店) 臺北市重慶南路一段61號
出版日期	初版一刷 2014年11月
編號	S 493760

行政院新聞局登記證局版臺業字第〇二〇〇號

有著作權·不准侵害

ISBN 978-957-14-5967-7 (平裝)

http://www.sanmin.com.tw 三民網路書店

※本書如有缺頁、破損或裝訂錯誤,請寄回本公司更換。

叢書出版緣起

現代人處在緊張、繁忙的生活步調中，在承受過度心理壓力而不自知的情況下，逐漸形成生理與心理疾病，例如憂鬱、躁鬱、失眠等，這種種的問題，不僅呈現在個人的身心層面，更可能演變成為家庭破碎的悲劇，甚至耗費莫大的社會成本。我們從近年來發生的自殺、家暴、卡債族、失業問題等種種新聞中，不難發現問題的嚴重性，這些可能正發生在你我身邊的真實生命故事，也讓許多人不禁發出「我們的社會究竟怎麼了」的喟嘆！

面對著一個個受苦而無助的靈魂，我們能夠為他們做些什麼？而身為對社會具有責任的文化出版者，我們又能為社會做些什麼？這一連串的觀察與思考，促使我們更深刻地反省，並澄清我們的意念，釐清我們想帶給社會一些什麼樣的東西，讓臺灣的社會，朝向一個更美好、更有希望，及更理想的未來。以此為基礎，我們企畫了【LIFE】系列叢書，邀集在心理學、醫學、輔導、教育、社工等各領域中學有專精的專家學者，共同為社會盡一分心力，提供社會大眾以更嶄新的眼光、更深層的思考，重新認識自己並關懷他人，進而發現生命的價值，肯定生命的可貴。

要解決問題，必須先面對問題、瞭解問題，更要能超越問題。從這個角度出發，【LIFE】系列叢書透過「預防性」與「治療性」兩種角度，對現代人所遭遇的心理與現實困境，提出最專業的協助，給予最真心的支持。跳脫一般市面上的心理勵志書籍、或一般讀物所宣稱「神奇」、「速成」的效用，本叢書重視知識的可信度與嚴謹性，並強調文字的易讀性與親切感，除了使讀者獲得正確的知識，更期待能轉化知識為正向、積極的生活行動力。

值得一提的是，參與寫作的每位學者，不僅在學界與實務界學有專精，最令人感動的是，在邀稿過程中，他們與三民同樣抱持著對人類社會的理想與熱情，不計較稿酬的多少，願對人們的身心安頓進行關照，共同發心為臺灣社會來打拼。我們深切地期望三民【LIFE】系列叢書，能成為現代人的心靈良伴，讓我們透過閱讀，擁有更健康、更美好的人生。

三民書局編輯部　謹識

推薦序

掌握趨勢　突圍22K

自二〇〇〇年以來臺灣薪資成長遲緩，若扣除通貨膨脹率，實質薪資甚至出現負的成長。造成薪資成長停滯的原因很多：實質經濟成長趨緩、失業率居高不下、物價低迷、產業結構與生產型態、產學關聯性、政府政策、企業家社會責任、青年就業態度，……等。面對低迷的薪資成長，年輕朋友自然感受到經濟的壓力與未來生活的不安全感。在本書中，王健全副院長不僅針對我國過去三十多年來的薪資變動情形、其形成因素以及產業結構的變遷作了詳細的分析，在文中亦提供若干年輕朋友的範例以及對如何擺脫22K困境的方法作非常精彩的論述。相信讀者在閱讀此書後，對於臺灣薪資變動的影響因素會有更深入的理解；青年朋友從此書中亦可獲得如何掌握趨勢、開拓前程的重要參考資訊。

王副院長長期以來從事政策相關議題的研究二十多年，對於臺灣所經歷與面臨的經濟問題皆有很深入的研究造詣，論著發表豐碩，亦獲得產、學界的高度重視。個人很榮幸有這個機會推薦此具有豐富參考價值的論著，相信讀者閱讀本書，一定會受益良多。

財團法人中華經濟研究院院長　吳中書

如果沒有愛過，妄談失去

二〇一三年之前，大部分時間我穿梭於中國大陸的各個城市，保持至少每兩個星期返臺一次的頻率，每次從大陸某個城市返回桃園國際機場，當飛機觸地的剎那，多半時，我會從睡中緩緩醒來，望著窗外遠處點點的燈光，想著過往。近十年的飛旅生涯，對大陸的瞭解和熟悉在某種程度已高於臺灣，但對這塊土地的感情卻與日而增。當機輪在跑道滑行時，心裡不由自主地揪了下，然後酸散開，相同的問題一再浮現，問著自己「這個國家到底是怎麼了？」，她離我心中的理想的國度漸遠，這一兩年，這個感覺愈見強烈，我遺憾的是這土地不是沒有人才，她在我心目中，依然是華人界最有創造力的地方，有最細膩的處事手法，和最與人為善的心態，但這些沒辦法去阻止大環境的演變。這是一種不忍的感慨，這是多麼好的一群人，但他們可能都不知道，這個國家的競爭力正在消退；他們可能不知道這個國家雖然很努力，但卻比共產黨還要官僚；他們可能也不知道，臺灣受到全球的關注愈來愈少了。

這個國家對這群人有很大的虧欠，贏了選票又如何？攻進立法院又如何？意見領袖，帶領著平民，無論是為了公平正義，無論是歷史定位，多次來我已冷漠，逐漸認為這是歷史共業，我們真的無法改變太多了。問題不在人才有多優秀，問題在於國家有多團結。當我們期待臺灣能如新加坡、韓國般地企業治國時，面對臺灣這群現存官僚，或者是未來官僚，厭惡至極。

二〇一二年年底，在武漢的一場由經濟部所舉辦的海峽兩岸中小企業論壇的會議裡，我和王健全先生首次碰面。當論壇開始之後，只見一人不停地問著「不該問」的硬問題（論壇本為招商大會），如「臺灣如何推行智慧城市」、「企業的創新要素是什麼」等；會後方知剛剛的「問題高手」就是中華經濟研究院的副院長王健全先生（難怪他的每個問題都是從經濟角度切入）。在短短交談之間，他叮囑著臺灣需要人來奉獻，如果有機會，回臺灣可以是一個選項。隱約記得當時回他說，「臺灣雖然美麗，但她很便宜」。這句話後來成為他介紹我的開場白。王老師可能不知道，他的鼓勵開啟了我的轉念，隔年時我決定回到自己口中很便宜的臺灣，開始了和王老師之後的合作。他是我的總體經濟學老師，由他那兒聽到了22K的故事，也由他那兒知道中華民國至少有三〇％的家庭是月光族；他告訴我臺灣青年就業所面臨的困境，和現在政府的難處。以他的學養和職務，有其絕對的制高點，去看待這過往三十年在臺灣經濟上的點點滴滴。在每次和他相處的過程，我深刻感受到他的良心和熱情，身為公務員的他，有比我更恨鐵不成鋼的心酸和由期待轉化而成的無奈。

二〇一三年夏天，由於工作需要，需徵求兩個暑期工讀生。在面試的最後一關，我沒像其他主管一樣做壓力測試，而是依不同學生的屬性描述了不同的願景，讓他們用一個星期的時間做準備，然後回答我，他們要如何到達我為他們規劃的方向。這些小夥伴用了不同的方式來述說他們的答案，讓我在每場最終面試都深受感動，因為他們的優秀遠超過了我的預期（但薪資為什麼又這麼便宜）。此後，我開始用心觀察身邊的年輕人——有些是在校的學生，有些則是年輕的顧問——並學習如何和他們相處，去瞭解他們的語言和情緒。

二〇一三年十一月，我透過中經院參加勞委會（二〇一四年已改制為勞動部）舉辦的「掌握產業新趨勢，創造就業新機會」研討會，並擔任與談人，我並邀請了其中幫我幹活的一個青年來參加這個會議（因為有些話可能和他有關）。我在會上說，「三十年前退伍之後，在高雄南亞找到一個塑膠壓出成型的工作，平均工資加上輪班加班約兩萬一千元，在那時我只是一個高中畢業生，我不知道這樣的薪資是多還是少；在三十年後的今天，我才明白這是不得了的多啊！很遺憾的，我要說的是，這個國家對不起這一代的年輕人，包括政府的制度和產業政策，包括學校和企業的不對接，包括企業對年輕人的心態，都不對了，在整個的橫向溝通和縱向配套都出了大問題。」

二〇一四年三月公司辦了一次放天燈活動，同事們把心願寫在天燈上，看到兩個年輕同事把反《服貿》、支持太陽花寫在上頭，說實話我不能理解，這怎麼會變成她們的心願。後來在Facebook上看到秘書和前面的行政人員也到立法院一遊，我才明白和這群年輕人有了思想上的代溝，於是請了王老師利用一個晚上，到我們公司做「政策說明」。我找來一群對《服貿》很有意見，並標明三十歲之下才有資格參加的顧問——他的聽眾就是一群憤青。當晚，王老師旁徵博引，以臺灣的競爭力為開場白，年輕人的困境為主軸，《服貿》為最後的訴求，分享之後當然有很多具挑戰性的提問，不過王老師的風采在最後贏得尊敬，年輕人也試圖瞭解他們的出氣口不應在《服貿》，而是去推動整個中華民國的體制有大立大破的作為，並以更宏觀的態度來處理未來。

兩岸真的是不一樣了，在大陸年輕的顧問，對於前景的規劃，總能娓娓道來，說得口沫橫飛，五個人有十個創業想法，但臺灣的小夥伴則是相對的安靜和守候。不該是這樣的，不是嗎？當年的工讀生已經開始創業了，我知道我的誘導有發揮作用。不該這麼悲觀的，不是嗎？我們這些老骨頭，要更用力地誘導年輕人創造未來的樂園，使他們的下一代有比現在更好的憧憬，我也期待他們有足夠的勇氣，正面挑戰這個社會的官僚氛圍，去促成改變，而不是消極地適應。

擺脫22K是個夢想，還是個夢魘，我不知道。面對這群年輕人，我不知道什麼才是正確的態度，絕大部分的時間，他們對於我們這一代的建議是充滿質疑的。在經典電影《心靈捕手》（*Good Will Hunting*）一片中，有一幕的場景是在公園，治療師尚恩（Sean Maguire，羅比・威廉斯飾）對著威爾（Will Hunting，麥特・戴蒙飾）這位失控的數學天才說：「在你還沒有刻骨銘心地愛過之前，你不瞭解什麼是失去；我也懷疑你是否能義無反顧去愛。正因為如此，當我看著你時，我看到的不是聰穎、自信的男子漢，而只是個狂妄、驚恐的小孩。」

面對這群年輕人，此刻的心情，和尚恩一般，如出一轍。

IBM 諮詢事業部創新解決方案首席顧問　陳孝昌

解「悶」之書

這一世代的青年，動輒被稱為「悶世代」。是為高失業率而悶？為22K而悶？抑或為高房價而悶？或是憂悶未來的退休金泡湯或縮水？顯然這一世代的年輕人，對於未來已經識盡多少愁滋味，更添許多華髮了。

幾十餘年來，以「青年失業」問題與對策為議題，從政府政策、學術研究以至民間論壇，雖已汗牛充棟，然而頗多僅是管窺蠡測，較缺乏從宏觀或全面性之角度來探討此問題，因此王健全副院長的這本《如何擺脫22K的夢魘？》及時出版，針對青年低薪高失業率問題，適時兼具宏觀與微觀經濟角度提供多面向的剖析，是一本值得細細品味的好書。本人有幸先閱付梓前之文稿，讀來一氣呵成，深覺本書有下列諸多特點：

第一，本書論述有據，引用各項統計數據作為析理判準之參考，使本書在分析問題時，能以客觀數據為基礎，在提出建議對策時，更能以理服人，充分反映出王副院長紮實的經濟學訓練基礎。

第二，本書在分析青年低薪高失業率問題時，兼顧微視角度與宏觀視野，在微視面，詳細分析青年的職業價值觀、個別產業的市場變化；在宏觀視野上，則從總體產業結構轉變、就業型態變化、學用落差等面向來討論。顯示青年低薪與高失業率問題，一方面是來自就業型態的影響，另方面則是整體產業結構劇變所帶來的衝擊。

第三，本書議題分析的結構層次清晰，由國內產業結構變化到兩岸關係，再到全球化。換言之，導致當前青年低薪高失業率問題，有其內在與外在的因素，尤其是全球化市場，與亞太區域經濟整合趨勢，以及複雜多變的兩岸關係，這些外在因素已經直接或間接對國內就業市場帶來衝擊，隨著亞太區域經濟整合的形成與兩岸經貿關係的深化，未來如何避免被這些浪潮造成邊緣化，國內產業結構勢必進行快速調整，然而如何避免青年再度面臨失業衝擊，是政府相關單位與民間企業必須共同思考的問題。

第四，本書主要內容，一方面剖析年輕世代低薪高失業是什麼(what)的現象，另方面也企圖從國內產業結構變化、兩岸關係以及全球化等角度來回答青年為什麼(why)低薪與高失業，最後本書也告訴我們如何(how)來紓解或緩解年輕世代面臨的這些就業與收入的問題。

上述是本人先讀為快之餘的幾點心得，總之，本書作者王健全副院長，在中華經濟研究院從事多年實證研究，其研究兼顧經濟學理念與政策實用性，因此，本書非但不是「書生之見」，而應當作「務實對策建言」。所以本書除可供政府相關單位研擬青年就業對策重要參考之外，悶世代的青年朋友也可以在本書找到如何解「悶」的答案。

詹火生
財團法人兩岸共同市場基金會董事長
國立臺灣大學兼任教授

一本為年輕人解惑的書

這是一本為年輕人解惑的書，是一本指引年輕人迷津的書，更是一本父母和子女可以相互討論和溝通的書。

中華經濟研究院副院長王健全在《工商時報》撰寫專欄多年，我發現他非常關注現今年輕人失業和低薪的問題，曾發表多篇相關的文章，現在他把多年觀察和研究所得撰寫成一本書，並運用了許多蒐集的資料加以佐證，讓他的論述更具有說服力，這是一個經濟學者想傳達的理念，更是一個關心下一代的前輩，想要以本身對經濟世界的瞭解和觀察，用淺白易懂的話語，來告知迷惘的年輕人，如何去思考未來的前途。

書中提到，許多四、五、六年級的前輩往往認為，承平時代出生的年輕人缺乏抗壓性，根本是「草莓族」、「啃老族」，把找不到工作，或沒有本事找到合適的工作，歸咎於年輕一代不如上一代的努力和上進。雖然我自認是一位很理性的上一代，我的孩子也剛從大學畢業不久，但當我和孩子討論畢業即失業的問題時，孩子最常有的回答就是「不要老說你們以前那一代如何又如何，現在環境就是不一樣了嘛。」

其實為人父母者也常陷入迷思，現在的年輕人到底怎麼了？因此就如作者所言，本書正是希望能幫助年輕人發掘問題所在，並思索解決之道。而我更認為，不僅如此，為人父母者，一樣可以從中獲得啟發，就如我一樣，我可以利用這本書，和我的孩子作更深入的溝通和探討。

本書一開始就直指「年輕人，你為什麼苦悶？」，我想身為大學教授的作者直接接觸許多學生時，一定特別感同身受。失業、低薪成了年輕人初入社會最大的夢魘。再者整個國家大環境，更令人茫然而不知所措，不僅是都會區的高房價令年輕人望屋興嘆，未來簡直毫無希望，所謂的成家立業猶如遙遠的彩虹，完全摸不到邊際。本書前面第一、二章主要在闡述臺灣真實的現狀。第三章則在探討大陸經濟是金磚還是錢坑，尤其在二〇一四年三月太陽花學運後，許多青年對於兩岸關係到底要如何發展下去，產生很多疑問。例如學生就問作者：「如有機會，該不該去大陸發展？」又如學生問：「過去臺灣鎖國，未能搭上中國大陸高成長列車，而目前大陸經濟急轉直下，臺灣卻和大陸透過ECFA的臍帶緊緊相連，會不會因而受害？」這都是現在年輕人所急著想尋求解答的疑問。

我自己最喜歡第四章的主題：洞燭世界潮流，扭轉你我的未來。目前的經濟環境已然如此，抱怨國家的產業政策不對，抱怨政府的教育制度走偏，抱怨上一代剝削下一代，甚至抱怨全球化，都無法改變存在的事實，不只是年輕人，我們每一個人現在真正要做的是，去瞭解何以致之，又要如何改善。

臺灣社會在經濟成長過程中，受到全球化的影響，而變成現今貧富不均、薪資停滯、房價高漲的樣貌，然而檢討其成因，並非一夕變化，而是逐漸累積而成，包括國內原因，例如政府長期地鼓勵出口政策、大學設立供過於求、不當房地產投機等；更包括國外因素，例如在二〇〇八年金融海嘯後，歐美國家的極度貨幣寬鬆政策、中國經濟的崛起等。在瞭解這些內在和外在原因後，就會體會政府雖然仍有許多可以改善的政策，然而其效果也絕非短期可以看到，而我們更無法自外於國際經濟的影響。因此我們一方面要瞭解全球經濟的脈動和趨勢，一方面要認知臺灣在世界的角色，並從而找到自己安身立命的著力點。作者在第五章提到的「眺望優質就業方向及領域」，就是可以參考的建議。

作者對年輕人最後的叮嚀無疑是最重要的：拓展國際觀、養成獨立思考能力、充滿好奇心，如此無論從事什麼行業，都能處變不驚接受挑戰。在此我不免要倚老賣老一下，觀諸歷史，任何一代青年都要面對不同的問題，當我們年輕時，努力奮鬥追求民主的政黨政治，誰知如今演變成政黨惡鬥。然而世界的進步，不就是因為不斷地有新的問題出現。

《工商時報》副總主筆　葉玉琪

自序

筆者在十年前曾任教於某一私立大學，多數學生在大二時已開始上補習班準備研究所考試，大三、四時，則經常以迷惘的眼神發問：「未來如何才能找到工作？」最近更有雜誌對年輕人進行調查，其中有二、三成年輕人有高度意願前往大陸工作，只為了可能增加五成到一倍的薪水期望。相信年輕人們也納悶：「到底臺灣的經濟出了什麼問題，為什麼我們只能在低薪環境中載浮載沉？到底要怎麼做才能更容易找到工作、薪水可以提升、職位有向上流動的機會？」這些疑問，將在本書一一得到解答。

著眼於我們的社會環境：藍綠對決、財團汲汲求利，官僚體系僵化、動輒得咎，產業因朝野缺乏共識下無力自樊籠中脫困……，民眾的就業機會進而大幅萎縮、看不到未來。年輕人被放入22K的惡劣環境中自生自滅，勞保、健保的破產傳言又甚囂塵上，人口老化、少子女化趨勢，如夢魘般壓得人喘不過氣來，心中的夢想、憧憬也一片一片地被撕裂。

不少中高齡者動不動以輕蔑口氣稱時下年輕人為草莓族、啃老族，並苛責他們不能吃苦、經不起考驗，但是年輕人的面向如此單調嗎？每一個世代都有其獨特性，只是解讀方式不同。換個角度看年輕人，他們有熱情、創意、快速的組織能力，能給予這個社會最驚奇的表現。或許，年輕人的紀律、自我鞭策能力因世代成長環境不同而有差異，但只要多花時間接受教育、訓練，便能調整、成長。

筆者時常不禁反思：「產業升級的緩慢、教育政策的失靈，把環境搞得一團糟的政府、財團、媒體等是否也有責任？」政府應搭建好舞臺，讓年輕人有機會發光發熱，在舞臺上盡情揮灑他們的熱情、理想。可是，當社會並無提供年輕人合理的揮灑空間，挫折了他們在起跑點前奮力衝刺的勇氣，霎時才明白，年輕族群並不是不努力，而是生錯了年代……他們缺乏四、五年級一展所長的環境。倘若環境沒有給年輕人的舞臺，不妨自行創造。本書的目的，便是協助年輕人瞭解臺灣產業升級轉型的方向，使年輕人在求職時有較佳的方向感；掌握政府政策的規劃、發展的趨勢，把握創造出來的就業機會，進而開創屬於自己的一片天。

PChome 董事長詹宏志在一場會議中引用美國學者的觀點：「如果想看看世界未來如何發展，請看看你的小孩正在做什麼。」畢竟年輕人的發展，是臺灣經濟未來的動能所在。詹董事長還說：「如果沒有幫年輕人打造未來的舞臺，我們的離去是不光榮的。」

前消費者基金會董事長柴松林亦認為：「我們這一代年輕的時候什麼都缺乏，但並不缺面對未來的努力；而新世代的年輕人則什麼都有，卻難有可追求、實踐的未來。」在薪資停滯、房價高漲，又缺乏向上的流動性，年輕族群的挫折感可想而知。可見，加強世代的溝通，協助年輕人打造未來發展的藍圖，才是臺灣撥雲見日的契機。

在改變之前總要先找出問題、瞭解問題，才有辦法對症下藥。因此，筆者嘗試在本書中六個篇章說明世界經濟現況，進而點出22K形成的癥結所在，包括教育、產業、全球化等各個層面，並放眼未來，從政策的規劃、全球經濟的發展趨勢，分析未來可能的優質就業機會。但在贏取高薪機會之前，年輕族群必須先行瞭解如何武裝自己、策勵未來，才有機會突圍22K的困境。

第一章探討為何薪水會出現凍漲的現象，第二章則分析低薪與背後的原因，主要包括全球化致產業外移、臺灣教育政策失靈及產業升級太慢、缺乏新產業出現，導致人才供需失衡，薪水缺乏漲升的空間。

第三章勾勒政策的發展趨勢，幫助年輕人掌握大方向，尋求進入高薪行業工作的機會。政策的走向包括自由經濟示範區、ECFA及其商機，以及臺灣規劃的新興產業及背後的工作機會。此外，未來新興服務業及其機會也是探討的重點。

第四章釐劃了國際經濟情勢的變化，以及此一變化走勢如何影響民眾的未來。這些變化趨勢包括美國經濟的復甦趨勢，歐洲、日本這全球二大成長引擎熄火的衝擊、大陸十二五年規劃擴大內需市場的商機，以及對臺灣經濟與民眾就業背後的意涵。此外，還包括高齡化、少子女化等新的社會經濟趨勢對個人就業與薪資的影響。

第五章則分析與整理出國家創造高薪機會及個人爭取高薪的作法，包括亞洲四小龍創造就業及提供優質工作機會的策略。其次，探討個人強化自己能力、條件來贏取高薪的規劃。再者，本書亦訪談了年輕求職者對於職場問題的現身說法，作為民眾、年輕人未來就職、轉業、生涯規劃上的參考。

最後一章為結語，綜整各章的分析，告訴年輕人，選擇「對」的行業，整備自己的能力，並瞭解政府政策、國際社會經濟趨勢，才能迎接優質的就業機會，登上屬於自己的璀璨舞臺。

對於年輕人而言，黎明將至嗎？我只想起 Christopher Nolan 在電影《黑暗騎士》中有一句經典臺詞：「黎明來臨前的夜晚總是最黑暗的」。展望未來，美國經濟復甦邁向成長的軌道，日本在安倍首相的三支箭加持下，經濟平穩成長；歐洲雖然仍是國家債務纏身，但已谷底反彈、曙光綻現；中國大陸雖然面臨房地產、投資泡沫，產業也必須轉型，但在政策調控及龐大外匯存底的加持下，未來幾年仍可維持七％以上的高成長。對於出口導向的臺灣經濟是重大利多，但在景氣逐步回溫的同時，積極學習、投資自己、做好準備，才能躋身贏者圈。

謹以本書獻給目前蟄伏但有未來奮鬥信念的所有年輕人，讓我們懷抱信念，迎接在望的復甦曙光。最後，感謝爸媽給我一雙靈巧的雙手、還算管用的腦袋及一顆悲天憫人的心；內人雅明的全心照顧家庭及一對可愛的女兒，太太給我的支持與充分自由的空間，兩位乖巧的女兒——梵昀、馥昀，聰慧、善解人意，是我們甜蜜的負擔。研究助理戴宏名先生精心策劃及編輯，林嘉慧小姐幫忙蒐集資料，貼心的秘書高秋瑛小姐、助理謝慈、吳題吟的協助，使本書得以順利完成。同時也感謝中華經濟研究院吳中書院長、詹火生董事長、葉玉琪副總編輯、陳孝昌首席顧問的推薦序言，使本書增色不少。謹以此書獻給所有應該感謝的人。

財團法人中華經濟研究院副院長
王健全

如何擺脫22K的夢魘？

Contents

第一章 悶經濟下的悶族群

年輕人，你為什麼苦悶？

大學校園的鐘聲響起，又到了上課時間。教室內的學生興致不高、若有所思，對於知識殿堂裡的一切似乎缺乏熱情；大多數同學當下在乎的是，畢業後能不能順利找到薪水不錯的優質工作。不少人在大二課餘時開始補習準備研究所或高普考，因為他們知道大學不過是進入職場的門票之一，研究所的學歷才是取得工作的最低保障；而若能通過高普考，捧起國家的鐵飯碗，不僅上班時間明確，工作權利也能受到保障。

另有一部分同學將大學生活專注於打工上，因為臺灣目前每五個大學生，就有一個是利用助學貸款繳學費，若再加上外地租屋及相關的生活費用，大學四年下來極有可能要背負六十至八十萬元的沉重貸款，因此這些學生只好未雨綢繆，靠打工減輕畢業後賺錢償債的壓力。

細看這些年輕人努力經營自己的課外人生，背後都藏著幾分恐懼：不知畢業後有沒有工作機會？找到工作後薪水能否高於22K？大家都擔心未來收入無法支應開銷，感到惶惶不可終日，只能汲汲營營地備考、打工。失業、低薪成了年輕人初入社會最大的夢魘。

除了求職的問題以外，大環境似乎也愈來愈險惡。新聞不時報導民生物資只漲不跌，在起薪「跌跌不休」的情況下，讓年輕人手上的薪水更加微薄了。更可怕的是，現在年輕人繳納的勞、健保費率節節上升，但將來退休時勞、健保卻可能面臨破產危機，使人辛辛苦苦了二、三十年卻領不到退休金或必須延後退休年限，教人情何以堪？這顆不定時炸彈懸在心頭上，對誰來說都是沉重的壓力。

尤有甚者，臺北市、新北市的房價不斷攀升，甚至帶動桃園、臺中、高雄等都會區的房價上揚。根據內政部營建署的統計，二〇一三年的房價相對於所得的比例，臺北市為十四・七倍，新北市為十一・四倍，意味著民眾平均必須十幾年不吃不喝才能在雙北買得起房子。不過，都會區的房價漲幅雖高，但就業機會也多，大家為了工作也只能咬緊牙根在當地租屋買房。既然房價高得令人咋舌，房貸重擔自然也形成巨大的陰影，使得許多人不敢「成家」，寧可不結婚或是當個「逐租屋而居」的新遊牧民族。

上述種種挑戰已足以讓年輕人擔心受怕，但苦難還不止於此。許多四、五、六年級的前輩往往認為，承平時代出生的年輕人缺乏抗壓性，因而一面感嘆「前不見古人，後不見來者」，一面戲謔地稱呼他們為草莓族、啃老族。但問題真的全部出在年輕人身上嗎？年輕人又要如何在危機四伏的現代職場中找到一條坦途，取得更好的薪資待遇、升遷機會，並進一步重拾希望、理想與抱負？本書正是希望能幫助年輕人發掘問題所在，並思索解決之道，讓自己不再是悶經濟下的悶族群。

我們所面臨的大環境

高物價是生活不易的元凶？

隨著兩波油電價格調漲，食衣住行各方面也跟著上揚，不論是上市場買菜、到早餐店吃早點，或中午吃便當、夜晚看電影、吃消夜等，花費均明顯上漲。到了過年，一支雞腿的價格甚至破百，白鯧魚則飆漲至一斤兩千元，令人咋舌。

不過，和一般民眾感受不同的是，臺灣整體物價上漲率自一九九七年以來普遍低於二%，二〇一三年只有〇．七九%，和亞洲主要國家相較只高於日本，低於韓國、新加坡，更別提中國大陸的物價有如脫韁野馬，在二〇〇一～二〇一一年的十年之間，每年幾乎都上漲二～五%！

事實上，不僅就數據觀察，臺灣的物價上揚幅度不大，從整體大環境來看，臺灣物價相對平穩的理由也相當充分：其一，台電、中油、自來水公司等國營事業長期以來配合平抑物價的政策，吸收部分原物料、材料的上漲幅度，並未充分反映至價格；其二，政府推動經濟自由化，進口管制愈來愈少，透過國外產品輸入增加，有效壓抑了物價上漲。既然如此，為什麼多數民眾還是會覺得物價「飆漲」？究竟誰才是造成人民生活不易的元凶？

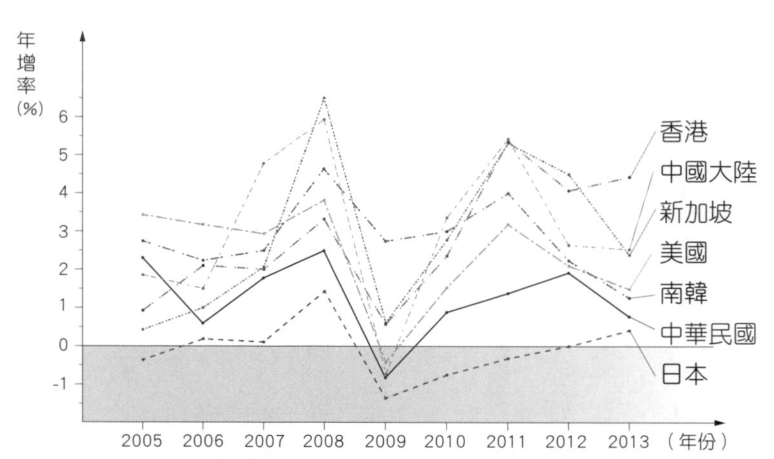

資料來源：我國為行政院主計總處，其餘國家為 International Financial Statistics (IMF) 及各國官網資料。

主要國家的消費者物價指數年增率

官方資料與民間對物價波動的感受為何有差異？

近年物價上漲成為引發民怨的原因之一，但政府訪察五大超商、零售門市後，卻得到「沒有漲價」的反差結論。從數字來看，我國與民眾生活息息相關的消費者物價上漲率，自一九九七年起皆不高於二％，只有在二〇〇五年與二〇〇八年出現例外；相較於歐美、東亞多國的二～五％，我國的物價實在可說是相當平穩。當然，不少人會納悶：「既然臺灣消費者物價上漲率比其他國家來得低，為什麼民眾都覺得物價高漲？」

造成此一認知落差的原因之一，在於臺灣有三分之一是地下經濟，包含攤販、夜市、雜貨店等，這些店家因為沒有開立發票，政府難以進行調查，所以根本不在查訪範圍內，但他們早已悄悄地提高售價，以反映油電上漲所增加的成本。

其次，冰箱、電視、電腦等產品雖然長期跌價，但民眾感受最深的柴米油鹽醬醋茶及油價卻是呈上漲之勢，兩相平均，物價數字上漲雖然有限，但電視、冰箱可能十年才買一次，而民生必需品卻幾乎每天購買，民眾自然容易產生物價上漲的印象。

另一方面，低所得家庭的支出大多用於食物、居住方面，反之，中高所得家庭則多用於教養娛樂類的消費，所以只看整體物價變化容易低估民眾受到的衝擊。尤其最低所得家庭本身就不容易承受物價波動，一旦食物、燃氣、油料等費用上漲時，感受就會特別深刻。

綜合而言，物價上漲是正常的趨勢，理論上薪資也會隨之成長，當物價上揚與薪資成長的幅度落差不大時，人民對於物價波動就不至於太敏感；但近來臺灣的物價上漲率雖然不高，可是薪資成長幅度相對偏低，因此，「物價高漲」的感受就遭到大幅凸顯。

為何物價水準小漲就能輕易淹沒許多人？

從前述內容可以發現，臺灣的物價漲幅不高，但即使如此，不少家庭仍面臨入不敷出的窘境。以二〇一二年來看，按照所得將家庭分成五等分，最後二〇%家庭的年儲蓄是「負的」二萬五七九五元，代表入不敷出；而倒數二〇~四〇%家庭雖然不用倒貼，但也只有三萬四八九

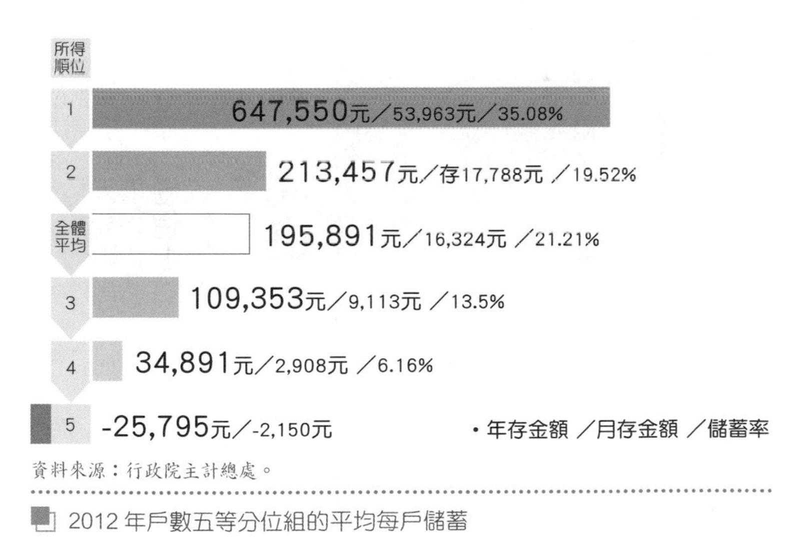

資料來源：行政院主計總處。

2012 年戶數五等分位組的平均每戶儲蓄

一元。這筆儲蓄換算一下，等於一個月只存了將近三千元，剛好用來抵銷二〇一二年油電雙漲後所增加的開銷。也就是說，全臺有四〇％的家庭是寅吃卯糧或勉強打平，難怪許多民眾對於輕微的物價上漲相當有感、刻骨銘心了。

物價微漲為何會讓人難以忍受？在此先列舉幾個情形提示：

1. 同樣是麥當勞打工，在澳洲的時薪買兩份大麥克餐還有找，在臺灣則一份都買不起。
2. 擔任同職等的教授，在香港、新加坡的薪水是臺灣的三・五～四倍，而金融從業人員也有類似的差距。
3. 近年中國大陸在面板、LED等產業的高薪人才薪水和臺灣數字相當——只不過中國大陸付的是人民幣。以一元人民幣約五元新臺幣來算，一來一往薪水即差了五倍；這正是為什麼不少人積極爭取外派大陸機會的原因。

由此看來，臺灣的薪水不動如山、成長速度趕不上物價，多數民眾普遍感嘆荷包縮水也就不令人意外了。

薪水「穩定」，一路走來始終如一

筆者於一九八九年八月底返國服務，當時家姊任職某證券公司，據她轉述那時公司的打掃阿桑薪水近五萬元，這還不包括分紅、配股。如今二十多年過去了，沒想到我們的薪資水準、就業環境每況愈下，竟是「一代不如一代」。

年輕人更是鬱卒，22K的夢魘揮之不去，也使得愈來愈多年輕人前往新加坡做洗碗之類的低階工作，或前往澳洲、紐西蘭等地打工度假，賺取較高的薪水，引發社會對於「臺勞」議論紛紛、憂心忡忡。

一般而言，平均薪資會隨著經濟發展而持續提升，因此是反映勞工生活水準的重要指標。但在一九九〇年以後，我國薪資成長卻如溜滑梯一般逐年下降；若進一步將物價波動的因素扣除來計算實質薪資，則近年來的成長幅度更為趨緩，甚至出現數次負成長。為何薪水會陷入停滯的窘境？

根據勞委會（現為勞動部）「職類別薪資調查」與主計總處「受僱員工薪資調查」的結果顯示，二〇〇一～二〇一一年的新進人員（初任職就業人員）平均月薪全都低於二〇〇〇年

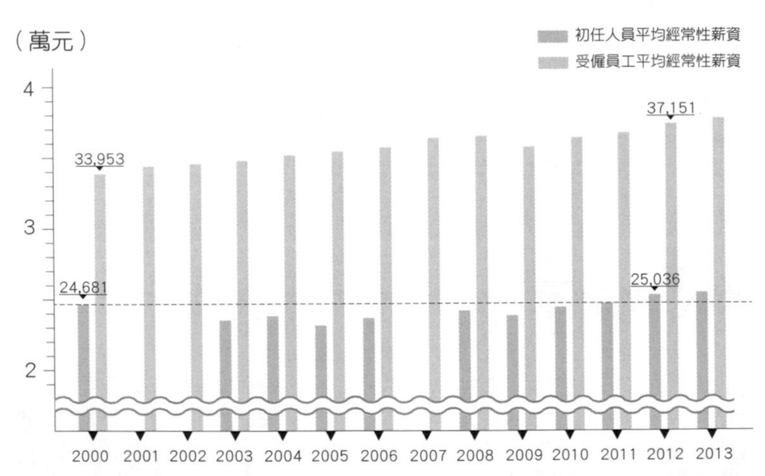

註：2001及2002年皆未調查此項目；2007年配合工商普查停辦。
資料來源：行政院勞工委員會（現為勞動部）「職類別薪資調查」及行政院主計總處「受僱員工薪資調查」。

工業及服務業初任人員每人月平均經常性薪資

的二萬四六八一元，而且大多只有全體就業人員平均月薪的三分之二。也就是說，儘管近年景氣有所回溫，受僱員工人數也陸續增加，但依然未能帶動薪資成長。

再看看主計總處的調查，二〇一二年未滿三十歲的工作者平均年所得只有四二・七萬元，不如十四年前的水準；三十～三十四歲的族群更糟，平均年所得五八・二萬元，創下近十六年來新低。臺灣年輕人

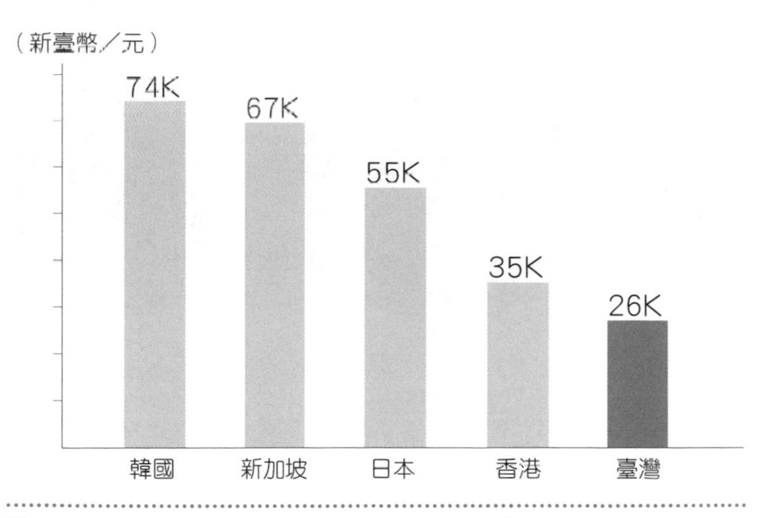

2014 年大專畢業生起薪

的所得大倒退，成了「青貧族」。另據二〇一四年TVBS新聞報載，大專畢業生的起薪，韓國是新臺幣七萬四千元、新加坡是六萬七千元，香港也有三萬五千元，而臺灣則敬陪末座，只有二萬六千元左右。

薪制愈來愈彈性

除了薪水成長牛步以外，廠商也愈來愈喜歡用加班費、獎金、紅利等方式支付員工報酬。根據主計總處「受僱員工薪資調查」的結果顯示，工業及服務業受僱員工之非經常性薪資*占平均薪資的比重逐年增加，由二〇〇二年的一六・三四%增加至二〇一一年的一九・三七%，達到近十年來最高水準。

---

*指不是按月發放的工作（生產、績效、業績）獎金、端午、中秋或年終獎金、員工紅利、不休假獎金、差旅費及補發調薪差額等。換句話說，它是在每月薪資以外，視工作表現、特定時節或出差，而另行發放的薪資（多稱作禮金、獎金）。

薪水制度彈性化的好處在於，廠商可根據營業獲利狀況或員工績效表現彈性調整，但對受薪階級而言卻代表著薪水的不確定性提高，同事之間績效和競爭壓力也增加。

年輕人，待業中

二〇一三年，臺灣年輕人的失業率為一三・一七%，將近是一般平均失業率的三・一五倍，相當於每一百個青年就有十三個找不到工作。

青年失業在號稱富國俱樂部的 OECD（Organization for Economic Cooperation and Development，經濟合作及發展組織）也引起廣泛討論。針對 OECD 國家所做的研究指出（《聯合晚報》2012.9.12 A7 版），年輕人在全球金融風暴所引發的就業危機首當其衝，OECD 會員國二〇一二年的青年失業率達到一六・一%，並有愈來愈多青年成為無所事事的「尼特族」(not in employment, education, or training, NEET)，既不工作或參加就業輔導，也不升學或進修。根據二〇〇八～二〇一〇年的數據指出，OECD 國家十五～二十九歲的人有將近一六％沒有就學也沒有工作，而近年來經濟不景氣只怕會讓此一趨勢更嚴重。

另一方面，在歐債風暴受創最深的國家，青年失業問題特別嚴重，例如法國的平均失業率是九・三％，但青年失業率卻達到二二・一％；西班牙的情況更慘，

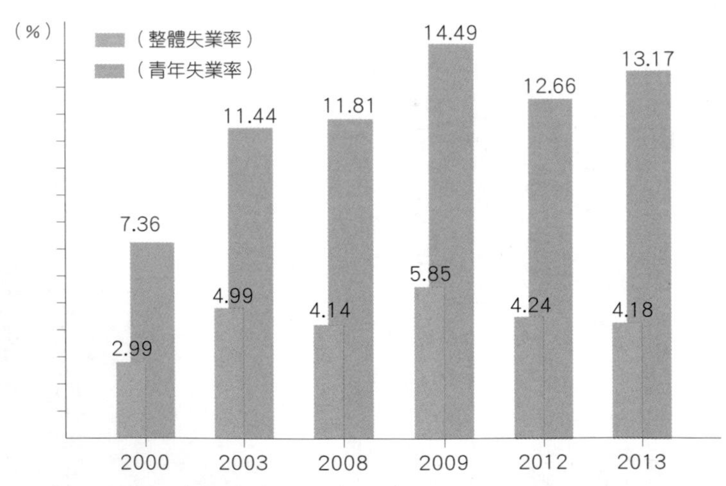

資料來源：行政院經建會（現為國家發展委員會）。

近年來臺灣青年失業概況

平均失業率已高達二一・八％，但青年失業率更將近五〇％，意味著每兩個青年就有一人失業。此外，日本、韓國等東亞國家也是青年更容易失業，分別為平均失業率的一・六六倍及二・七四倍。

高昂的成家代價

如同前述，若有意在臺北市、新北市購屋，必須十年以上不吃不喝，如此高不

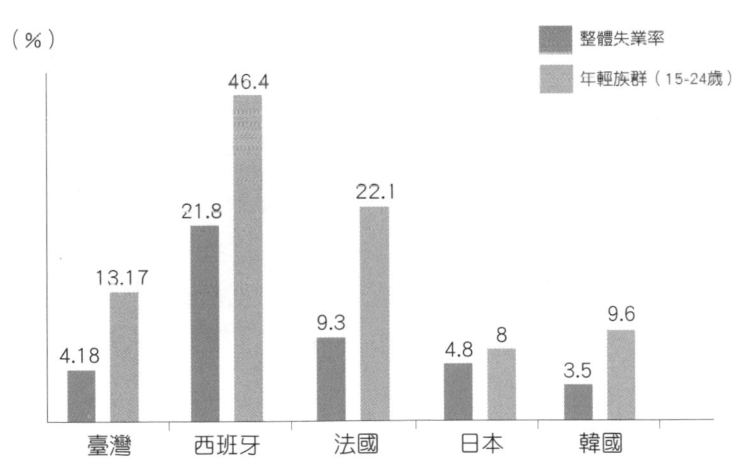

註：臺灣統計資料為2013年最新數據；西班牙、法國、日本、韓國，數據統計截自2011年。
資料來源：本文自行整理，引自OECD (11 July, 2012)、行政院主計總處 (2012)。

整體失業率和年輕族群失業率的跨國比較

可攀的目標也使薪水微薄的年輕人倍感沮喪：若不願意降低生活品質、打消生育兒女的念頭，以近乎自虐的方式來儲蓄，就必須放棄購屋，改租房子來維持一定的生活水準。因此，高房價正一點一滴地剝奪年輕人的夢想及對未來的憧憬。

換個角度看，如果棲身至房價較低的中南部，雖然較能負擔得起房屋，但當地的工作機會也相對較少，因此，房價和工作機會的拔河，也使年輕人傷透腦筋。

勞保退休基金破產？

近年，因為政府規劃的年金及健保制度脫離現實，不僅未考慮高齡化社會造成年長者給付增加，也沒評估新收入保費因少子女化與低薪現象而減少，再加上政府的處理態度保守，更加深問題嚴重性，使得勞健保瀕臨破產。根據勞委會勞工保險局（現改為勞動部勞工保險局）二〇一二年委外研究的〈勞工保險普通事故保險費率精算及財務評估〉，二〇一九年勞保將開始出現赤字，而勞保基金很有可能在二〇二七年破產。

年輕人步入社會後，馬上必須面對微薄的薪水、競爭的就業環境，以及勞健保制度瀕臨崩盤的困境，孰以致之？雖然的確有些年輕人本身不易承受挑戰的壓力，但在政府一連串失靈的政策，包括經濟轉型不順利、產業不夠多元化、教育政策脫節、勞健保規劃不周等，上一代已經在某種程度上，預支了年輕人的資源與未來。

戲謔的包袱，豈是一日所致

大家都曾是草莓族

最近，不少有地位、年長的企業領導人，常常以「草莓族」來苛責年輕人不努力，所以薪水偏低。但是責任全在年輕人本身嗎？又是誰讓草莓族產生的？也許，我們可先瞭解「草莓族」的由來。

「草莓族」一詞最早出自《辦公室物語》一書（翁靜玉著，一九九三年出版），是當年「長輩」用來形容民國五〇年代出生的新世代年輕人。這一世代在當年「長輩」的眼中，普遍有著某些傾向：穩定度低、抗壓性不高、忠誠度不足、受挫能力差、服從性略遜上一代，並將個人權益置於群體權益之前。

當這些「五年級生」逐漸累積工作經驗、社會歷練，並成為職場「前輩」後，開始大聲撻伐民國七〇年代出生的「七年級生」在職場上的過錯，並順道將過去的「草莓族」一詞移轉給他們。

七年級生普遍在承平、安寧的氛圍中長大，相對較有理想性、不易妥協，而且家中環境遠比過去四、五、六年級優渥，在奮鬥過程中比較有家庭力量可以支持，加上因「民主觀念」更為開放，對於自身權利稍有損害便起身抗拒，因此不易屈就於自認不佳的工作。年輕人這樣的態度在主管眼裡顯得太過隨興、不穩定，似乎一無可取，不過，若考量草莓族的由來以及成長環境的差異，就可以發現上一代對年輕一輩的批評與嘲弄，部分是出自對年輕人的不瞭解。

誰願意當啃老族？

除了草莓族之外，「啃老族」也在上一代的人們之間朗朗上口，他們戲稱過去是「養兒防老」，現在是「養老防兒」，因為爸爸媽媽得擔心小孩子畢業後仍不搬出去，吃穿全靠家裡，把父母給吃垮。甚至《大英百科全書》也收錄新的單字「回力棒小孩」(boomerang kids)，形容小孩就像回力棒一般，不管丟得再遠，永遠會折返回來、擺脫不了，反映出啃老族過度依賴父母而無法獨立的情形。

借鏡其他地方的狀況，近年歐洲的父母覺得小孩子待在家裡的時間變多，變得更孝順了，常常會陪爸媽吃早、晚餐。事實上，這是因為薪水變少，若早餐、晚餐在家吃，中午再吃個三明治配咖啡，就可以節省不少費用。

在失業率上升、薪水凍漲、房價飆升的困境下，年輕族群的競爭條件遠遠不如上一代。當就業環境如此險惡，求職工作容易受挫時，久而久之，有些年輕人便選擇或被迫接受當個啃老族，回到家中讓父母照顧與保護。

啃老族的現象對於「高齡化、少子趨勢」的社會來說是一個警訊。因為啃老，年輕族群生產力下降；因為生產力低，薪水也不高，使年輕族群選擇不婚，生育率下降……。如此一來，生產力愈來愈少，但開銷、支出卻愈耗愈多，使社會陷入惡性循環。

目前看來，啃老族仍是少數特例，與草莓族相比更是少數。不過，雖然成長環境對於啃老族、草莓族的產生具有相當的影響，但年輕人仍有機會藉由後天努力，從現在開始努力扭轉此一窘境。

第二章

你22K了嗎？

第一章中，我們初步指出了臺灣青年就業所面臨的困境；瞭解大環境後，本章接著將更清楚地說明年輕人的低薪問題，因此，我們不得不回顧二〇〇八年全球金融海嘯肆虐時，政府為協助大專畢業生投入職場、鼓勵企業聘僱新鮮人所推動的《大專畢業生至企業職場實習方案》，也就是我們俗稱的「22K方案」。

誰發明了22K？

相信大家對「22K」這個關鍵字並不陌生，現在它已是年輕人「低薪」的代名詞。不過，究竟什麼是22K方案？其背後成因為何？在渾沌不明的全球經濟局勢下，其他國家的年輕人也有所謂的「22K」嗎？

細說從頭，二〇〇八年美國出現次級房貸危機，進而爆發全球金融風暴。為平息此一風暴，政府祭出一連串降息、發放消費券、減稅及擴大內需等各式政策，期望能藉由以上措施提振市場消費，進而活絡經濟。其中與年輕人最為相關的，莫過於教育部推動的《大專畢業生至企業職場實習方案》了。

此方案是先由各大專院校協助畢業生與企業進行媒合，媒合成功後，畢業生可到企業實習一年，這段期間由教育部動用特別預算，每月補助企業給予實習員二萬二千元（22K）的薪資，以及最高四一九〇元的勞健保費用。其用意是希望幫助大學生就業、縮短學用落差，並降低企業聘僱實習員的成本壓力，使企業留住優秀實習員，提升在不景氣環境中招募人才的效率。

不過，由於當時的失業狀況持續擴大，求職者供過於求，資方較具談判上的優勢，加上各家企業的經營思維不同，在「上有政策、下有對策」的情況下，政府的一番美意到了競爭激烈的業界，卻產生意料之外的結果。

就筆者所觀察，知名大企業如微軟，他們給予實習員的薪水不單是

22K，反而還另外加碼至三萬元以上；而表現優異的實習員轉為正職後，雖然公司已沒有政府的22K補助，但仍然給予他們和新進員工相同甚或更高的待遇。

但另一方面，部分公司因為規模較小，在經濟景氣不明朗的環境下，為了降低經營成本、縮減人力支出，一窩蜂地抱著「政府補助不拿白不拿」的心態參與22K方案。這類公司較無長遠的新血培育規劃，只以政府補助作為實習員的待遇，不再另掏腰包進行栽培。

當補助方案啟動後，坊間一些業者並未瞭解方案的內容及立意，一有廠商創下了以22K聘人的先例便群起效尤，誤將22K視為大專畢業生起薪的業界趨勢，使得若干有專業、競爭力的求職者被迫降低其所應得的薪資水準以進入職場。22K作為低薪的象徵，由此萌發。

在這樣的情況下，眾多年輕人只能領22K薪水，要支付自己的開銷已是捉襟見肘，即使想孝順父母，恐怕也心有餘而力不足，有時甚至還必須向父母取得「紓困」、「金援」。因此，「啃老族」的戲稱被加諸在年輕人身上，也就不足為奇了！

說好的幸福呢？

為什麼會有青年22K的低薪現象？有人認為是高等教育普及化的過程中，排擠了技職教育的發展，使得理論人才多，但能實做者少，以至於高學歷低就的問題形成；有人則認為是臺灣從事代工缺乏品牌，利潤率低，致產業被迫外移，因而流失大量工作機會。事實上，青年貧窮問題和教育政策、產業政策及產業結構息息相關，不能只以單一原因詮釋，所以接下來我們試著從不同面向進行分析。

人人都有大學念

臺灣高等教育的擴張，除了政府對於未來社會、經濟發展的需求、掌握世界趨勢以外，民間輿論的社會力量亦不可忽視。一九九四年四月十日，數個民間團體發起教改大遊行活動，並成立「四一〇教改聯盟」推動臺灣教育改革。當時提出四項訴求，其中一項便是「廣設高中、大學」，臺灣高等教育改革隨之開始發酵。之後的改革方向有以下幾個願景：

1. 廣設高中、大學，維護人民進入高等教育的權利。
2. 暢通升學管道，發展綜合高中*、各類特色的高等教育學制以及多元入學制度，提供莘莘學子更多元的升學管道，並減輕課業壓力。

* 指結合高中與高職的學校，校內同時開設普通課程與若干職業課程（依學校特性規劃內容），讓學生可自由選修，或跨學程（科）、跨年級選課，經試探摸索之後，再選修符合自身興趣的課程學習。

3. 積極培養高等人才，提升就業人口的知識水準，以符合全世界未來發展趨勢，並朝知識經濟的願景前進。

教育改革起步後，教育部開始廣設公立高中與國立大學，並放寬專科學校、技術學院升格改制的限制，鼓勵專科改制成技術學院、技術學院改名為科技大學。各個縣市首長、立法委員無不以爭取轄區內廣設大學為目的，並將之視為重要政績；教授對於工作機會增加紛紛表示贊成；學生因為有學校念，若成為大學生可以光宗耀祖也多表認同，形成一窩蜂讀大學的熱潮。

以近十年來看，大學數目成長了一倍多（七十五所增至一百二十二所），大學生增加了十四萬一千人（增加一五％），碩士增加了四萬一千人（增加三〇％），博士也增加了七千人（將近三〇％）。廣設大學導致近年大學生錄取率都在九五％以上，「考不上大學」比「考上大學」困難很多，幾乎達到「人人都有大學念」的境界。然而，吸引大量青年持續升學後，造成青年延緩就業，藍領階級的基層勞工不足，這些持續就讀的學生直到二十五～二十九歲才大量投入職場，故這個年紀的族群在就業市場上容易出現供給過剩。

廣設大學的目標立意良善，但以市場供需的理論來看，卻造成大學生多如牛毛、素質參差；當臺灣的產業升級轉型步伐太慢時，業界沒有夠多的高階職位加以吸納，則學歷嚴重貶值自然不令人意

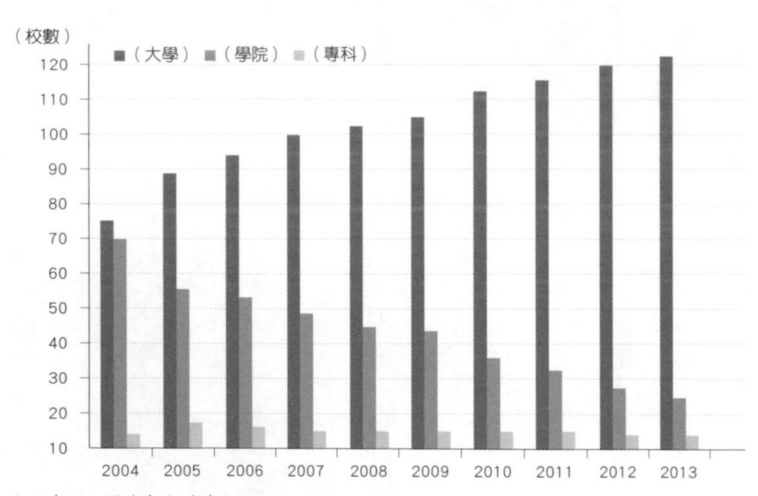

資料來源：教育部全球資訊網。

近十年來大學數目的成長

外，而高學歷畢業生也容易陷入找不到工作或薪水偏低的窘境，使年輕人上大學贏取高薪的理想和實際產生很大的落差。然而，在社會上的檢討聲浪爆發之後，當初支持教改的各方都不肯承認錯誤，因而無法大幅改革，要解決大學退場機制、技職學校擴張、人才高階低用等問題也就遙遙無期。

臺灣的情況如此，鄰近的韓國也有類似問題。韓國在專

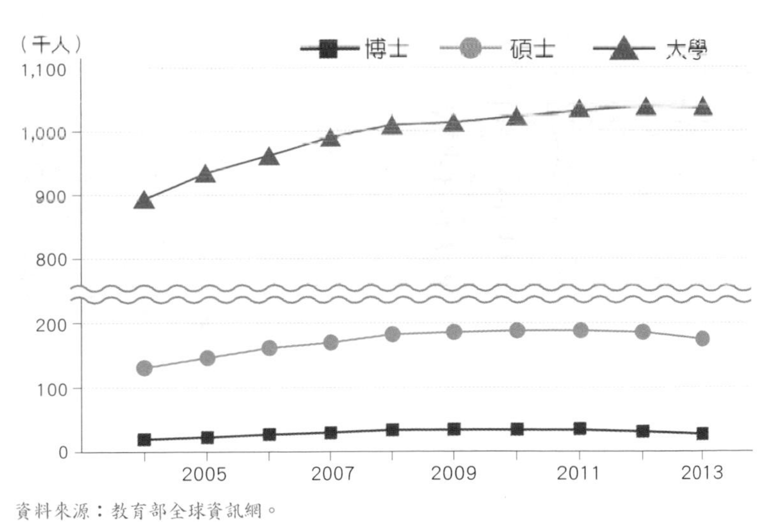

資料來源：教育部全球資訊網。

近十年來大學生、博碩士畢業生成長情況

科以上的投資不下於臺灣，有近四分之三的高中生進入大學，造成大學生供過於求。韓國前三十大企業在二〇一二年僱用了二十六萬名大學生，剩下約六萬名大學生擠不進去，造成年輕人失業率飆升至七．三％，是韓國一般失業率的兩倍多。根據韓國調查，高學歷學生擠上夢寐以求的前三十大企業的機會，只占總就業率的六．八％左右，意味著頂尖大學生也未必可以順利取得高薪工作，難怪韓國前總統李明博曾鼓勵年輕人不要進大學，直接去工作。

另一方面，根據《紐約每日新聞》(*New York Daily News*) 在二〇一三年的報導，美國前紐約市長彭博 (Michael Bloomberg) 也曾公開鼓勵成績普普的高中生，與其將哈佛大學之類的名校作為升學目標，不如把職業學校列入生涯規劃之一。

彭博認為，以當代的就業型態來看，除非年輕人有把握在大學時的課業鶴立雞群，或是傑出到畢業前就被業界網羅，否則應該到職業學校習得實務的一技之長，例如學習如何當水電工。彭博分析，水電工的工作很難外包到其他國家，也不太能自動化，不用擔心會被電腦取代，因此當水電工最起碼有四個好處：

1. 大學四年不會在理論中度過，而是累積實做經驗。
2. 畢業後不會有龐大的就學貸款壓力。
3. 收入比一般社會新鮮人高。
4. 最重要的是有專業在身，不怕被取代。

彭博的建議不僅迥異於一般人「念大學是高薪工作保證」的迷思，還點出了大學課程可能「學用不符」的問題。

學以致用或學而無用？

臺灣的大學以理論課程為主，實務課程較少，即使是工科的實習課程，也因為大學快速增加、政府預算有限而僧多粥少，使得各個學校分配的經費也少，採購的設備、儀器難以跟上時代，無法切中臺灣的需求，結果就是學生容易缺乏實務經驗，對企業的幫助有限。

另一方面，臺灣整體企業界九成以上都是中小企業，這些企業的資金、規模有限，因此聘僱人力時希望馬上看到生產力，不願意長時間培育新進人才；當大規模的景氣衰退來臨時，他們的適應能力也不如大企業，因而更容易選擇縮減人事成本。

進一步觀察，中小企業對於員工的培育通常不如大企業的規劃來得完整。一方面有潛力的員工多會在習得經驗後往大企業跑，所以完整培訓對中小企業的效益不大；另一方面則是中小企業本身的經營經驗不如大企業來得長久，自然在員工的栽培規劃上較不完備。因此，剛畢業的大學生進入中小企業時，較難享有新進人員的培訓及適應期。

上述條件綜合在一起，就會產生「學用不符」的問題。由於中小企業經營者認為專上畢業生無法馬上轉化為產值，必須一邊僱用、一邊在職訓練，自然不願意付出較高的薪資。這正是為什麼有那麼多企業主跳出來「要求」大學生應培養符合業界的工作能力，也是22K會在臺灣就業市場形成的重要原因。

那麼為何學校無法培養符合企業需求的專上學生？事實上，「大學教育必須考量對學生就業的幫助」，透過產學合作讓理論契合實際，這樣的想法早已存在多時。產學合作的概念來自於學術界與業界彼此的經驗不同：學術界的經驗累積在於理論、實驗的運作，而業界的經驗來自於瞬息萬變的市場以及實務應用。當學術界的理論能在實務界孕育、加以應用，業界無法突破的瓶頸也能藉重學術界的力量尋求解決之道。在此良性循環下，業界得以取得新技術、專利，使產品更有競爭力；學術界則能取得業界的實務經驗及研究經費，兩者互補相輔，生生不息。

然而，在現行制度下，大學教授升等、續聘最重要的績效指標為國際與國內的期刊論文，在國際知名學術期刊*發表的論文愈多愈好，因此，許多教授無不窮其心力撰文發表，對於教學、產學合作等事項則擺在較低的順位。久而久之，學校研究的理論和業界的實務容易脫節，學術的資源投入無法協助產業提升競爭力，也無法讓學生經由產學合作的實務學習，縮短學用落差。

工作有缺，青年無意

前述的學用不符，主要是指年輕人在校所學的知識與技術不符業界所需，但除此之外，求職者對職場的資訊掌握不清楚，志趣、認知與工作機會有落差，也會造成另一種的學用不符。尤其是現代青年的家境較佳、學歷較高，理想及眼界也相對提高，若從事不合興趣、不能發揮所長的工作，掛冠求去的機會也大。

＊SSCI（Social Science Citation Index，社會科學引用指標）、SCI（Science Citation Index，科學引用指標）、EI（Engineer Index，工程指標）。

臺灣現在服務業相對發達，舉凡都是KTV、便利商店、連鎖加盟的工作，其上班的環境、設備比較好，因此是大學畢業生最喜歡投入的工作環境之一；相對地，製造業裡不少工廠沒有冷氣，環境沒那麼舒適，加上社會對藍領、黑手的觀念根深蒂固，導致專上畢業生容易排斥相關的工作機會。

然而，臺灣的服務業除了85度C、王品牛排、鼎泰豐、法藍瓷等少數國際化品牌之外，均為規模不大的行業，人才的需求也以行政人員、會計、店員等基層員工為主，因此薪水當然偏低。上述認知與實際的落差可透過讓青年增加職場歷練來降低，不過這種觀念上的改變可能還需要一段時間。

年輕人22K薪資水準，是臺灣經濟奇蹟？

22K是臺灣獨有的現象嗎？其實不然。以義大利年輕人為例，初入職場可拿月薪一千歐元（約四．五萬元新臺幣），屬於臨時工性質，但必須做正式員工的工作；若考量義大利的物價水準為臺灣的一倍以上，實際薪資與22K相去不遠。

亞洲的韓國也有「88世代」，亦即月薪八十八萬韓元（約二．三萬元新臺幣），在物價比臺灣高出一半的韓國而言，生活上更是辛苦。而日本大專畢業生起薪約為七萬元新臺幣，但扣除房租後只剩一半的薪水可用，再考慮日本的物價水準，難怪有三分之一的日本大專畢業生淪為新貧階級。

究其原因，年輕人由於初入社會、經驗不足，就業時談判薪資的籌碼也相對較低，因此當景氣趨緩與波動劇烈導致失業率升高，青年就業會受到較大的衝擊，不易突破22K的夢魘。

全球化與低薪

全球化使得國家和國家之間的界線日趨模糊，各地事件的影響也比之前更加快速地向外傳遞。例如，二〇〇八年爆發的全球金融風暴、二〇一〇年引發的歐洲國家主權債務危機（以下簡稱歐債危機），分別從美國、歐洲揭開序幕，並迅速蔓延，不僅衝擊全世界，改變了全球的經貿版圖，也影響民眾的就業與生活水準。

現在進行式的全球化

全球化背後的意涵代表著人才、資金、技術等生產要素不再受限於國界，容易自由流通尋求最有效率的配置，加上網路、通訊與手機的普及，使得業務外包或海外生產的需求愈來愈殷切。

例如，美國民眾委託會計師事務所處理報稅，美國的會計師事務所再外包給印度的會計師事務所，交由當地懂英語的印度家庭主婦來試算、處理。最後，有點不可思議的是，美國民眾報稅是由印度的家庭主婦來負責。又如，菲律賓人英語好，憑藉著語言優勢成為很多英語系國家的信用卡、手機的查詢及服務中心。

再以臺灣的麥當勞為例，其外送服務客服中心即由臺灣委託中國大陸的行銷公司處理，上述情形凸顯了兩個現象：

1. 隨著資訊傳播的成本愈來愈便宜以及網路更加無遠弗屆，過去要在特定地區處理的工作，已可交由其他人力成本較低的國家執行。以電話客服為例，國際長途電話費率已不像過去昂貴，外送訂單可由網路傳遞，如此下來，「外送服務」最貴的成本不是電話費、網路費，而是客服人員。

2. 隨著大環境改變，愈來愈多懂得英語、中文的人參與國際分工。由於使用相同語言，因此可降低溝通成本，並有利企業招募人才。但這也反映一個警訊，便是工作對於人才的尋求已漸漸擺脫國籍、地區的限制。

全球化後所產生的就業市場拉扯

當我們瞭解到全球化可能帶來的衝擊，不妨將視野稍微縮小，看看與我們使用相同語言的鄰居——中國大陸。因為臺灣企業規模小，國際化人才不足，因此，國際化的起點通常是選擇地理位置接近，又是同文同種的中國大陸。不過，有些人擔心，臺灣和中國大陸貿易愈來愈密切後，薪資水準會被中國大陸往下拉。這就是經濟學家常提及的「要素價格均等化理論」*，意即全球化將使兩地間的「生產要素價格」（如薪資）日漸拉近。

*它的基本論點就是，當兩國貿易往來密切時，若本國某種生產要素較外國貴，用這種生產要素生產的產品，很可能也會有較高的成本和價格，因而導致不少人改買進口品，甚至促使廠商改到外國去生產。於是本國這種生產要素的需求會減少，它的價格也隨之下降，最終，兩國的要素

但事實上，和大陸貿易比重高的韓國、香港、新加坡，工資水準反而攀升，這背後的原因為何？關鍵在於各國若干產業外移後產生新的產業缺口，導致工作機會減少時，國內是否有新的產業、新的商業模式來填補、支撐，以提供新的工作機會。如果有就不用擔心，反之，就會產生人才、資金出走的空洞化現象。

韓國在手機、家電、汽車等產業塑造了品牌形象，使其商品在先進及新興國家均大有斬獲，故能提升國內的薪資水準；香港觀光相關行業受惠於大陸觀光客的自由行而蓬勃發展，也帶動香港經濟提升；新加坡的生化

價格將變得更為接近。

薩繆爾遜在一九四九年證明的「要素價格均等化理論」是上述道理的一個特例：他用標準的國際貿易理論模型，證明在一些經濟學界常用的假設下，若兩國進行自由貿易，兩國的要素價格不只會拉近，最後還會相等。這是嚴格的數學證明，所以當其中某些假設條件不成立時，兩國的要素價格就不會完全相等。

高科技產業、博奕娛樂、觀光休閒帶動了觀光人潮及經濟效益，也促使新加坡經濟再次復甦。

反觀臺灣，缺乏品牌、通路以及科技研發，業務又外包盛行，間接促成了臺灣的代工產業大舉外移，利用大陸為低廉成本製造基地，以接受蘋果、戴爾電腦公司委託製造，賺取微薄利潤。這種商業模式沒有出現太大的變化，而持續尋求成本降低的結果，就是薪資、土地、環保等成本的投入遭到忽略。

在此情況下，如果有新興產業冒出頭或產業快速升級轉型，則仍可迅速填滿產業外移的真空。不過，臺灣的新興產業並未即時跟上，四大產業淪為四大「慘」業*，而半導體與面板這兩兆雙星在中國大陸、韓國的競爭下，產能過剩、獲利有限；牛物科技、數位內容則尚無法契合市場需求，

*四大產業是指3DIS，也就是“D”RAM（記憶體）、TFT-LL“D”（面板）、LE“D”（發光二極體）、“S”olar（太陽能）。

離成為市場領導者還有一段距離，很難像過去的電子資訊產業一般，創造大量的出口與就業；最後，服務業又停留在低層次、小規模的狀態。在競爭力不足、獲利不成長的情況下，新興產業自然難以推動薪水上漲。

臺灣人才留不住

最近，由於臺灣的人文環境及相對「民主」的特性，不少香港人對移民臺灣滿懷憧憬；然而，其中不少人也很快就被相對低薪的臺灣環境給驚醒，移民夢隨之幻滅。比較兩地大學生初入社會的起薪，臺灣僅有香港的一半，而臺灣一般上班族的月薪與香港差了近四萬新臺幣，可見臺灣的薪資水準已跟不上別人的水準了。因此，年輕人前往澳洲、新加坡、香港等地當「臺勞」也就不足為奇。

當臺灣年輕人面臨的環境愈來愈惡劣時，人才外流的問題便隨之而來。人才選擇工作或進入產業有三大因素：第一，薪水高低；第二，工作環境的良窳；第三，產業前景及個人的生涯規劃。

以兩岸的情形為例，過去大陸來臺挖角LED、大型面板等的人才很難得逞，因為臺灣的產業前景佳，且薪水不低；但隨著大陸光電產業崛起，LED下游的照明設備市場都在大陸，再加上高薪，挖角自是手到擒來。同樣地，臺灣的面板業也有同樣的狀況。由於面板大多裝置在電視上販售，而八〇％的彩色電視市場都在大陸，因此未來的機會也在大陸。

中國大陸市場大，支付得起高薪，因此有實力者往往選擇前進大陸來攫取商機。以演藝圈為例，在中國大陸的一場代言收入大概是臺灣的五至十倍，像是前一陣子，大陸「我是歌手」的節目中，露臉的林志炫、彭佳慧等人，身價都是臺灣的五～十倍。所以全球化告訴我們，人往高處爬；故臺灣人才前仆後繼赴陸就業，不是沒有道理。

臺灣相對於其他國家也有類似的情況，像在澳洲打工的時薪約為三百～四百元新臺幣，若到內陸更高達四百～五百元新臺幣，因此雖然房租高，住上一陣子仍可儲蓄不少。又如在新加坡打工，拿最低階的工作許可也有四萬元新臺幣的月薪。筆者有位同事在大學教書，他的八位畢業學生中，男生有一半都打算畢業後去海外打工，更是臺灣低薪問題的最佳縮影。

當臺灣的就業環境不佳時，人才可能大舉外移，從早期的科技人才，到最近的金融、文創、百貨人才等都被大量挖角，久而久之，將造成「人才空洞化」的現象。當臺灣的產業缺乏人才，產業就無法提升競爭力、賺取外匯的能力也下降，本土求職者的薪水便難以成長；當薪水陷入停滯，人才在臺灣英雄無用武之地，只能在較差的工作環境中坐領低薪，國內就更不易吸引、留住人才。最後惡性循環下，我們的失業及低薪問題會更加嚴重，而產業的維持、延續及未來發展也更令人擔憂，甚至形成「國安危機」。

全球化時代的好工作

全球化對於臺灣的就業環境產生了一定的影響，過去想當然耳的薪資水平，是在於「競爭者僅限國內」的條件底下；如今，當競爭者是整個世界之時，不同工作的薪水厚薄也跟著受影響，而每個人的工作崛起或消失，很可能不是因為個人不夠努力，而是世界分工的方式改變了。因此，瞭解全球化帶來的變動，將能協助我們判斷如何找到一條適合自己的道路。

一般而言，工作容易標準化、數位化，而且可以切割成明確流程、有國際共通的專業語言、本地特色較低的知識型工作，較為容易從全球勞動市場找到人力處理，企業也就更可能為了降低成本、提高效率，而將工作委託至薪資水準更低的海外。

反之，比較容易保住的工作性質如下：

1. 具有面對面的親近性：仰賴面對面進行的工作，因為與客戶、消費者有互動，會產生信賴感、依賴性，因此較不容易被外包取代。例如，在第一線接觸顧客的行銷業務人員、銀行行員、理財專員等。

2. 需要在地化的知識：有些工作的價值創造，仰賴對在地文化的瞭解、對當地客戶行為特性的掌握，因此也不容易被取代。例如，分析客戶需求、挖掘潛在商機，必須依靠當地的業務人員，不像很多科技業編寫程式、處理文件的工作可以轉移到其他國家。

3. 需要複雜的溝通互動：溝通互動愈複雜的業務，愈容易出錯，企業也會偏向留在當地。如提供「客製化服務」的企業，從商品設計、行銷包裝到生產，以及業務與委託廠商在商品設計、構思上的討論、智慧財產權的運用等都相對複雜，故留在當地的機會也大。此類工作的特色在於，藉由密切的溝通培養一定的信任感與默契，而使合作關係較難被取代。

脫節的產業政策

成也代工，敗也代工

全球化加上科技普及，使得企業從事海外生產、管理經營更加容易，也助長了產業外移尋求更低廉生產基地的傾向。臺灣過去的產業模式缺乏品牌、通路，企業多以代工(OEM)為主，擅長製程改造、降低成本。這些企業接受歐、美、日品牌廠商的委託，代為製造產品、負責運送，並須支付高昂的權利金給委託廠商，同時向國外購買設備。此模式是臺灣過去二十年來經濟繁榮的主因，但也正因為代工太過成功，致升級轉型、創新動力不足。

二〇〇二～二〇一二年來，隨著科技產品推陳出新的速度愈來愈快，價格也愈來愈平民化，使得品牌大廠不斷壓縮委外代工成本，代工利潤愈來愈低。以臺灣的鴻海公司代工 iPad、iPhone 為例，鴻海負責自行開模製造、全球營運管理、海外生產，但只分別取得總利潤的二%與〇・五%。

為了維繫利潤，臺灣的代工廠商不是採取「國內接單、海外生產」的作法，將生產基地轉移到生產成本更低的新興國家，包括東南亞、大陸等，就是盡量透過各種方式來降低員工福利、壓低國內的生產成本，導致臺灣就業機會減少、薪水不易漲升。

根據經濟部統計處的資料，國內接單、海外生產的比率由一九九九年的一二・二四%逐年升至二〇一三年的五一・四九%。其中，二〇一三年在海外設廠的企業，高達九成將生產基地設在中國大陸及香港。該調查也顯示，在海外生產的產品，以電腦、手機為主的「資訊與通信產品」比重最高。就二〇一三年的數據觀察，這類產品在大陸生產的比重高達八二・七七%。以臺灣為接單基地，在海外生產、出貨的模式，使得臺灣經濟成長與薪資增加的關聯性下降。

上述代工模式讓臺灣在大陸、東南亞設廠布局，進行全球運籌管理，使臺灣成為「電腦王國」，但為何模式發展至今失靈了呢？主要原因有二，其一，大陸廠商在二〇〇〇年代中期崛起，聯想、中興、華為等大陸國營企業興起，有了自行製造、接單的能力，慢慢排擠了臺灣的生產及出口。在競爭者眾、利潤微薄、獲利稀薄的情況下，員工薪水也不易調漲。其二，蘋果平板電腦、iPhone 的崛起改變了商業模式，平板、手機、電子書等硬體設備愈賣愈便宜，因為它不單是賺硬

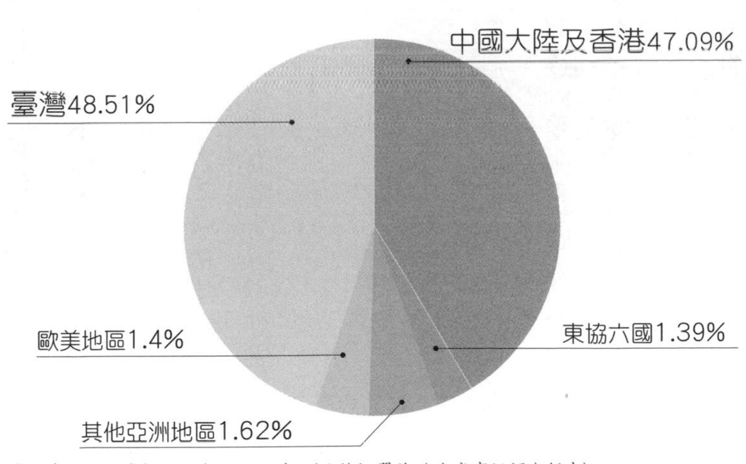

資料來源：經濟部統計處，2013 年〈外銷訂單海外生產實況調查報告〉。

我國外銷訂單主要貨品各地生產比率

體的利潤，而是看上了後頭的軟體應用服務（App）及手機接續費的龐大收益；但臺灣在軟體服務、平臺應用上的實力不佳，獲利也就萎縮，同時壓抑了員工的薪資。此外，平板電腦仰仗容易上手的功能、相對親民的價格而大為流行，取代了筆記型電腦的地位（日本Sony於二〇一四年二月宣布退出筆記型電腦市場），也使得臺灣以電腦為主的電子資訊業成長空間受挫。

產業結構調整步伐緩慢

臺灣的製造業未能即時跟上國際潮流調整結構，使得過去的優勢產業隨著商業模式改變而風水輪流轉，獲利逐漸受限；而新興產業也未能如預期般成為臺灣產業界的獲利火車頭，在產業交替青黃不接的空窗期下，自然使得就業環境較為蕭條。

另一方面，臺灣原本居於輔助角色的服務業開始明顯成長，在三級產業中漸居支配地位。尤其是二〇〇一年後，大潤發、7-11、全家便利商店等百花齊放，服務業的角色更是大為凸顯。

然而，相較於新加坡推動服務業轉型，發展觀光、博奕產業，韓國培育自有國際品牌，扶植三星、LG 等大企業，我國的服務業雖然占 GDP 將近七成，僱用了六成左右的就業人口，但大多是便利商店、餐飲店、手機店、水果店等，普遍以服務街坊鄰居或固定

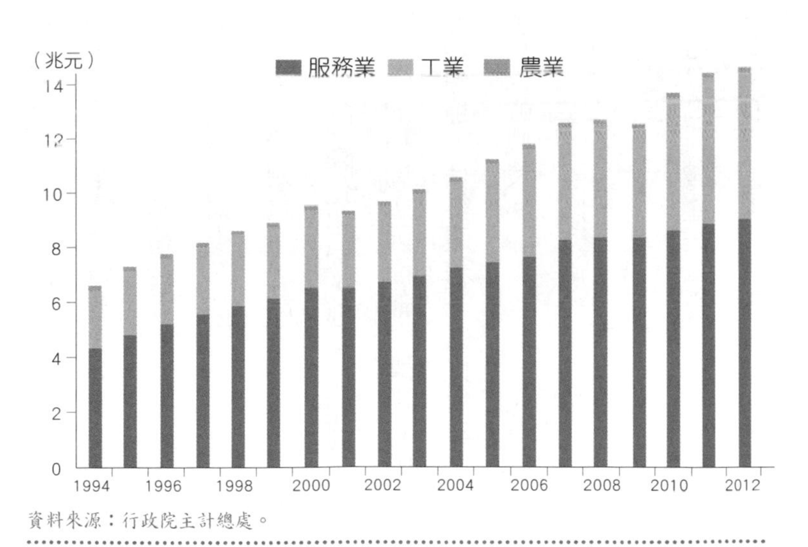

資料來源：行政院主計總處。

產業實質 GDP 成長情形

區域為主，市場規模較小；加上資本額有限，除了便利商店外，多數創新力不足、生產力也偏低。因此，雖然這類工作的環境舒適度較佳、進入門檻不高，能吸引很多年輕人投入，但是當無法創造更大的市場時，只要更多就業者湧入，就會加劇競爭程度，造成僧多粥少的情形。

此外，政府各主管機關對服務業多以管制為主，缺乏創意、突破的思考，服務業因而走不出臺灣。除了少數具國際化格局、連鎖加盟服務業外，其餘多數都停留在規模不大、資金有限的格局，因而無力聘用高階人才、缺乏商業模式創新的能力。綜合上述種種，使得服務業難以對經濟成長帶來重大貢獻，當然也就無法帶動薪資大幅成長。

產業資源分配失衡

長期以來，臺灣以半導體、光電等高科技產業為重，各科學園區成為社會大眾引以為傲的國家產業，因此也特別獲得政府政策的照顧及更多的產業補助資源分配。不論是經濟部科技專案的輔助或《產業創新條例》的租稅優惠，高科技產業的比重均遠高於傳統產業及服務業。

另從企業部門的研發經費支出比重觀察，二〇〇三～二〇一二年，製造業的研發經費占全體企業總研發經費的比重，一直維持在九二％以上，而服務業的研發支出只占六～七．七％，兩者相差甚大。

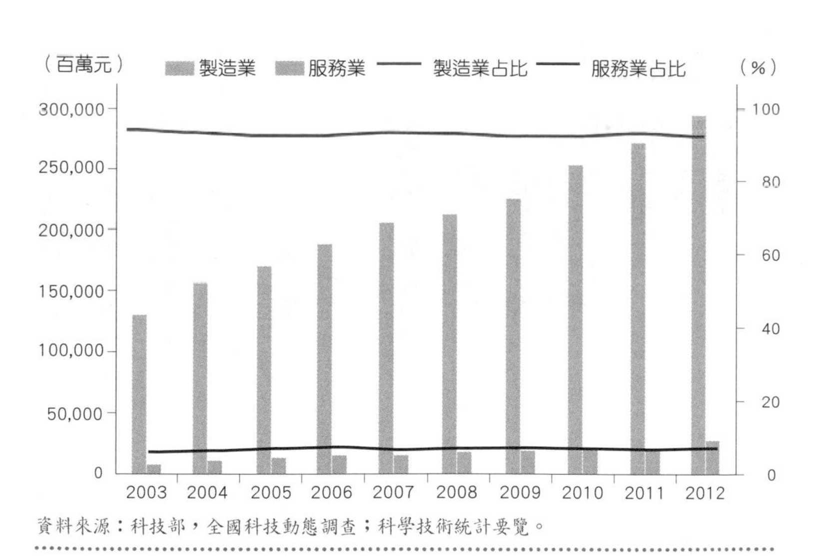

資料來源：科技部，全國科技動態調查；科學技術統計要覽。

我國企業部門研發經費支出情形

由於我國的製造業與高科技產業大多是高度資本密集，生產過程的自動化程度高，因此這類廠商絕大部分的投資都是用來購買機器設備，雖然能帶動經濟成長，卻無法增加大量工作機會、拉高薪資水準。而傳統產業及服務業即使需要大量人力，但在資源分配不均的排擠效果下，發展、規模和技術提升都受到限制，致使相關從業人員的薪資難以增加。

政府資源誤置，對產業競爭力的提升杯水車薪

就政府總支出來看，科技支出和社會福利支出分別都占了二〇％左右，反之經濟建設支出只占了約一五％。其中，近千億元新臺幣的科技總預算中，又有五〇％用於中央研究院、國科會*等機構的基礎研究。

一般而言，基礎研究多由大學和中央研究院進行，議題主要針對科技

*以國家型計畫及大學教授計畫補助為主，二〇一四年時升格改組為科技部

上游的物理、化學材料，以及前瞻性技術，並以著作論文、申請專利為主要目的。有些基礎研究的成果會被工研院、資策會等政府研究機構加以開發應用，此階段稱為「應用研究」；之後再由企業加以產業化、商品化（「技術發展」階段）。如果基礎、應用、技術發展之階段銜接得好，政府投入的研究發展經費就會有很大的效益。

不過，根據清大榮譽退休教授彭明輝先生的分析：「日本、

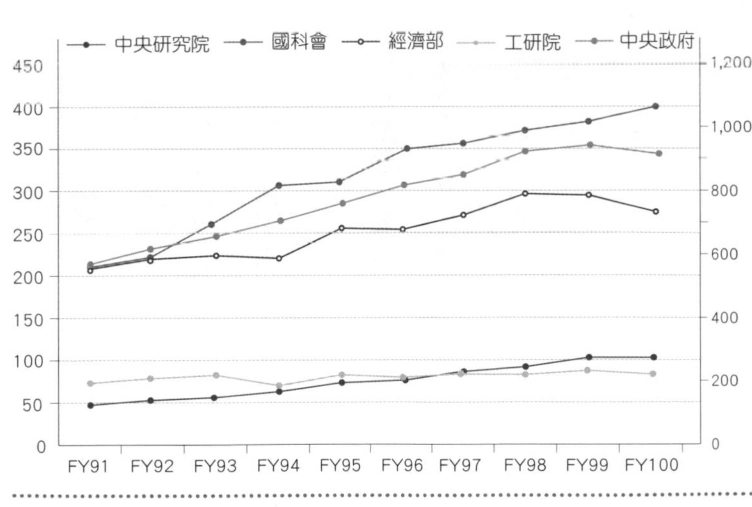

歷年中央政府科技經費概況

美國大企業有不少全球頂尖公司，有機會從大學、中央研究院的學術基礎研究獲得利益，因此願意出資進行基礎研究；韓國三星集團仍以製造為主，對基礎研究的需要才剛要起步；但是臺灣、香港、新加坡與大多數韓國企業的競爭優勢集中於製造，無法從基礎研究獲利，也不需要基礎研究。因此，韓國近年超越臺灣的原因不在於『學術卓越』，而在於產業政策的得失以及產學之間的相互配合。」＊

綜合上述來看，政府對於經濟建設、產業競爭力所投注的資源有限，而基礎研究對企業的幫助也不大，再加上產學合作不佳，導致臺灣的產業不易快速升級轉型。

＊《聯合報》，二〇一二年六月二十日，〈學術卓越與產業競爭力的迷思〉——彭明輝。

勞動者高不成低不就

以二〇一三年「受僱員工薪資調查」的結果觀察，受僱員工人數為七一三・八萬人，二〇〇〇～二〇一三年平均每年增加一・四八％。若按行業來看，十三年間受僱員工人數增幅最多的是支援服務業，包含租賃、人力仲介、旅行、代訂服務、保全等，平均每年增加八・四九％。第二名是住宿及餐飲業，平均每年增加六・〇二％，醫療保健服務業則增加四・四三％，排名第三，而藝術、娛樂及休閒服務業也增加了三・七八％。

觀察製造業及服務業之成長率，可發現除了一九八四年以及二〇〇一年外，服務業整體薪資變動率多低於整體產業之變動率。進一步就受僱員工人數觀察，亦可明顯發現，隨著產業外移、國人就業習性轉變，服務業的受僱員工人數自一九九九年後明顯超過五〇％，而後不斷地增加。此外，在服務業中受僱員工人數明顯增加之行業，如住宿及餐飲業、支援服務業等，薪資相對較低。

此外，服務業中高於平均薪資水準的以金融及保險、資訊及通訊服務、專業及科學服務、醫療保健服務與運輸及倉儲等行業為主。民眾熟知的批發零售、住宿餐飲、支援服務、教育服務及藝術、娛樂及休閒服務的薪資普遍低於平均水準。另一方面，工業部門中的電力及燃氣供應業雖然薪資高，但屬於較具壟斷性的行業。

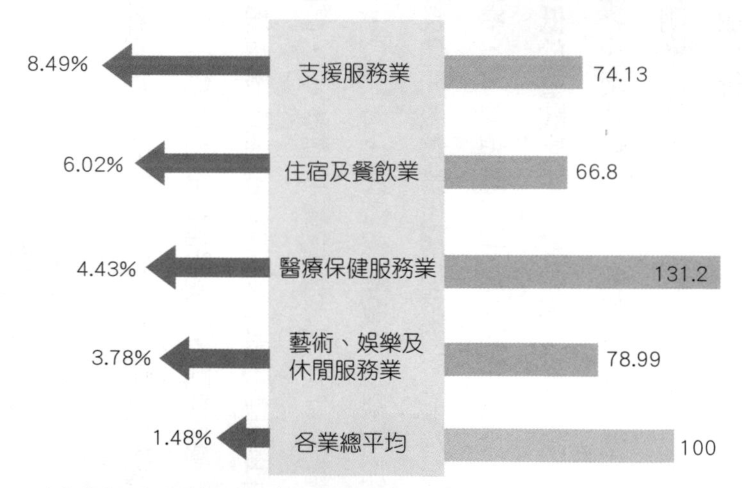

註：本表醫療保健服務業不含社會工作服務業。
資料來源：行政院主計總處「受僱員工薪資調查」。

2013年各業受僱員工人數增幅及實質薪資統計

M型產業：選錯行業，頂尖大學畢業生薪水也高不起來

104人力銀行針對其二〇一二年的資料庫，分析一百三十一萬筆大專院校畢業生求職時填寫的履歷，結果發現頂尖大學畢業生低薪比率最高的是語文人文相關科系，約八成五在畢業十年內月薪少於五萬元；農林漁牧相關科系，均有八成學生在畢業後十年內月薪不到五萬。另一方面，電子、電機、資訊相關科系則有較大的比率超過五萬月薪。

此外，1111人力銀行於二〇一三年針對系所出路及薪資進行分析，發現畢業後一年內就業狀況最佳的前五名依序為「醫藥衛生學門——藥師」的起薪最高，達四萬六〇四五元，其次為「資訊科學學門——軟體工程師」的三萬八二八六元、「法律學門——法務人員」的三萬六六六七元、「建築及都市規劃學門——工地監工」的三萬五一九二元、「環境保護學門——環保／環境工程師／技師」的三萬三八一〇元，而語文人文學科相關科系卻

榜上無名。

此種情形意味著語文人文相關科系畢業後，有較大的機會從事薪水不高的工作，那就讀這類科系要如何加強就業競爭力？一方面，可以輔修法律、金融等其他專業，發揮跨領域的優勢，提高轉行的彈性；另一方面，可以依自身專長尋找較高薪行業的相關工作，例如語文科系畢業生，可以進入高科技業擔任翻譯、行政人員，薪水可能優於在一般行業從事類似的工作。

不同行業，薪資差異大

根據行政院主計總處的資料，一九八一年我國工業及服務業受僱員工每人平均月薪（含經常性與非經常性薪資*）為新臺幣一萬〇六七七元，

*非經常性薪資是指在每月薪資以外，視工作表現、特定時節或出差，而另行發放的禮金與獎金，包含不按月發放的工作（生產績效、業績）獎金、年終獎金、員工紅利（含股票紅利及現金紅利）、端午、中秋或其他節慶獎金，以及差旅費、誤餐費、補發調薪差額等。

爾後逐年成長，一九八九年突破二萬元，一九九九年突破四萬元，達到四萬〇八四二元，隨後增速減緩，除了二〇一〇年之外，成長率皆在三%之下。二〇〇〇～二〇一三年，臺灣工業及服務業受僱員工的月薪從四萬一八六一元增為四萬五六六四元，十四年來總共只增加了九%，如果再扣掉通貨膨脹，實質薪資根本就是負成長。

若單就經常性薪資觀察，

資料來源：行政院主計總處，受僱員工薪資調查（歷年）。

平均薪資及經常性薪資變化情形

工業及服務業的平均經常性薪資在一九九六年之後成長緩慢，甚至停滯，此種問題在服務業又更為明顯。就近十年來看，除了二〇〇〇年的成長率為二・六八％外，其餘各年都低於二％；換句話說，即使月薪達到四萬元，每年加薪頂多也只有八百元。若再扣除物價上漲計算出實質的平均經常性薪資，可發現一九八一年是一萬四九二一元，一九八八年是三萬四八四五元，二〇一

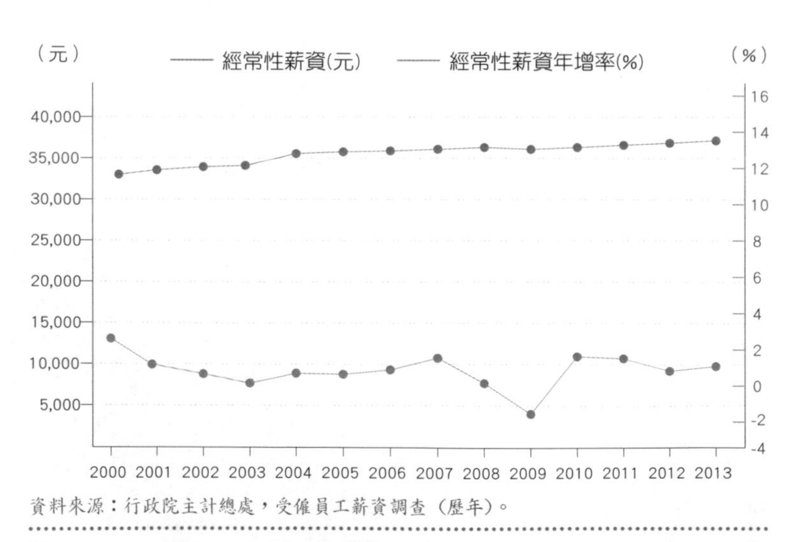

資料來源：行政院主計總處，受僱員工薪資調查（歷年）。

工業及服務業平均經常性薪資變化趨勢

三年則只有三萬七五二七元，只比十多年前的水準多了一〇%左右。

根據二〇一一年「受僱員工薪資調查」的結果來看，受僱員工每人每月平均經常性薪資排名中，最高的是「電力及燃氣供應業」的六萬五七七〇元，其次是「金融保險業」的五萬四八〇三元，再來則是「資訊及通訊傳播業」的五萬一一三〇元；另一

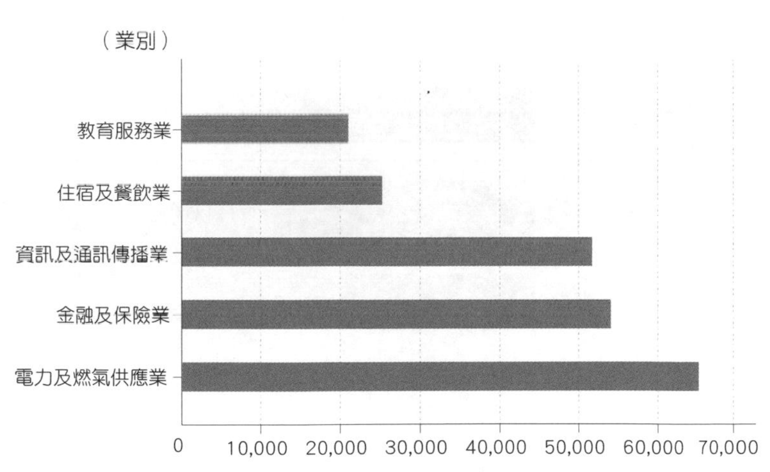

註：為配合2006年工商及服務業普查行業範圍擴增情形，工業及服務業部門統計涵蓋範圍自2009年1月起新增「教育服務業」（僅含短期補習班及汽車駕駛訓練班）與「社會工作服務業」（僅含兒童及嬰兒托育機構）。
資料來源：行政院主計總處，受僱員工薪資調查。

2011年受僱員工每人每月平均經常性薪資

方面，以短期補習班及汽車駕駛訓練班所組成的「教育服務業」排名最低，只有二萬一二二三元，其次為「住宿及餐飲業」的二萬五七三一元。

根據勞動部「職類別薪資調查」觀察，二〇一三年的每月平均經常性薪資以主管及管理人員的六萬二六一〇元最高，為總平均的一・六六倍；其餘依序為專業人員五萬一一六四元、技術員

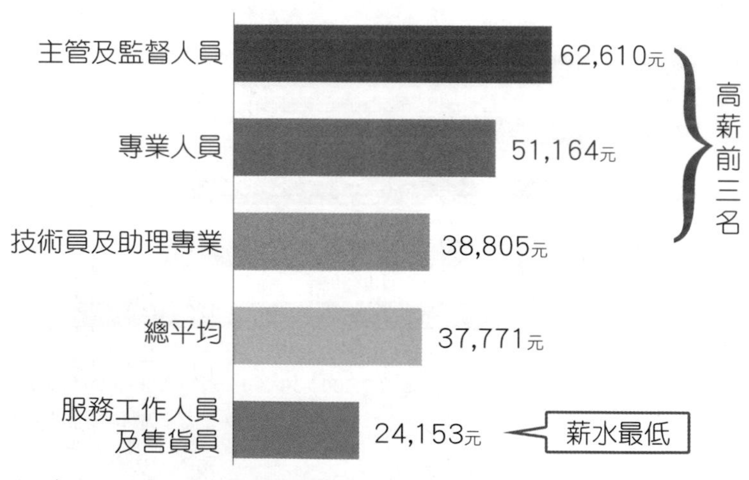

資料來源：勞動部，2013年7月職類別薪資調查統計結果。

各職類平均每人每月經常性薪資比較

三萬八八〇五元、技術工人三萬〇〇四〇元、事務工作人員三萬一八四二元、非技術工人二萬四一七九元，排名最後的是服務生及售貨人員的二萬四一五三元，只有總平均的六成左右。由此可看出，受僱員工的專業技術愈高，薪資通常也愈高，主管及專業人士超過總平均六成五以上，而服務生及售貨人員、非技術工則約低於總平均四成。

另一方面，全球金融風暴後，企業獲利普遍不如預期，但為留住人才，公司便針對少數核心成員大幅加薪，並降低其他成員的加薪幅度。這也是為什麼金融業、科技業的高階經理人薪水高得嚇人，但一般員工的薪資卻普普通通，出現薪水M型化的趨勢。

教育程度和薪資變化也有相關

若按教育程度觀察，受僱就業者的教育程度與主要工作收入呈同方向變動，教育程度愈高者的主要工作收入也愈高。不過，若以近五年的資料來看，大學及以上教育程度者的主要工作收入變動幅度最大，而國中、高中及專科學歷之工作收入變動幅度較小，出現停滯現象。顯示近年來，主要工作收入之變化與學歷呈現正相關，大學以上學歷的就業者仍有較高的優勢取得高於平均值之收入。

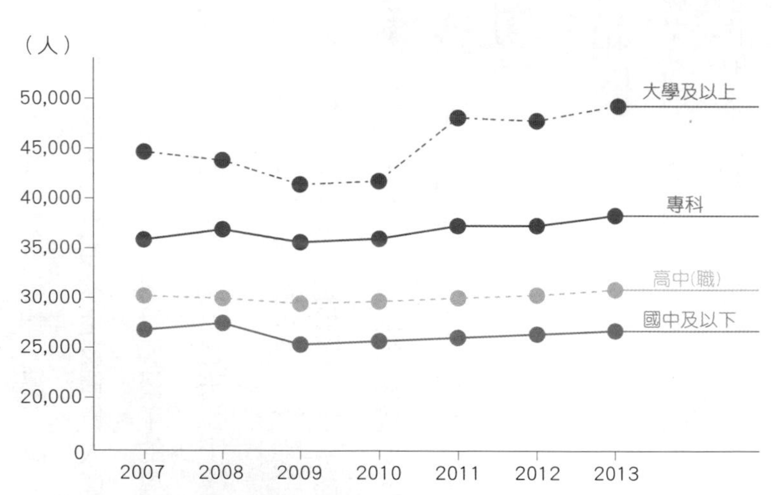

資料來源：行政院主計總處，人力運用調查。2011～2013年，「大學及以上」為大學與研究所之平均薪資。

受僱就業者每月主要工作之收入——按教育程度分

聘僱關係改變惡化了就業與薪資

勞動法規趨嚴，影響企業調薪意願

觀察薪資成長趨緩現象，除了從員工（勞方）的角度著手之外，也必須探討企業（資方）的調薪能力，畢竟「薪資調整」不單是每個月入帳數字的多寡，還包含了其他我們看不見的部分。換個方式說，薪資調整能力背後隱含著「勞動成本」的概念。勞動成本是指企業聘僱員工實際付出的資金，等同勞工獲得的勞動總報酬，包含前面介紹過的經常性薪資、非經常性薪資，以及僱主為預防意外、退休或資遣等原因所另外支付的保險費、退休金、資遣費，以及其他福利支出等非薪資報酬。

理解勞動成本的概念後，我們觀察二〇〇〇～二〇一一年間的數據可以發現，除了二〇〇二～二〇〇四年以外，經常性薪資占勞動總報酬的比重，大都維持在七一%左右。這代表著過去這段時間裡，受僱勞工、上班族每月所領到的薪資雖有些微變動，但以企業的勞動成本支出來看，其占比是相對穩定的。而非經常性薪資的內容因為大多是員工獎金，與公司營運、業績成長有關，因此其比重隨景氣波動而有所起伏，在二〇〇七～二〇〇九年的全球金融海嘯期間呈現下滑趨勢。我們再看企業提撥的勞健保費用、退休準備金等項目，則可

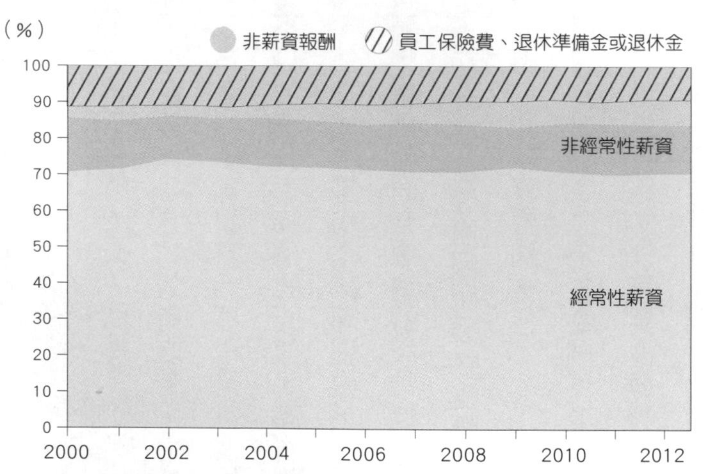

註：1.括弧中數字為平均每位受僱員工全年總勞動報酬金額。
2. 2006年、2007年總報酬金額係經基準校正後資料重新計算。
資料來源：行政院主計總處，受僱員工動向調查（歷年）。

工業及服務業受僱員工勞動報酬結構

發現逐年上升的趨勢，二〇〇五年後更達總薪資的一〇%以上。

整體而言，勞動總報酬雖有微幅成長，但因為政府法規的要求，使得成長的部分多為勞健保費用、提撥退休基金所吃去，致使勞動者可運用的薪資並未明顯增加。

僱主拿的餅比受僱員工多

我國受僱人員的報酬一向是國內生產毛額（GDP）中最大的分配項目，受到生產要素全球移動的影響，我國就業機會與薪資漲幅皆受到限制。觀察近二十餘年來 GDP 中受僱人員報酬相對企業獲利比例的變化，一九八一年我國受僱人員報酬占 GDP 比重為四八．四五%，隨後逐年上升，二〇〇〇年達到五一．七一%的歷史高峰，而後隨著全球化及國內產業外移一路遞減，二〇〇二年後已呈穩定走勢，但二〇〇八年受到金融海嘯的衝擊，比重又開始下滑。二〇〇一～二〇一〇年的十年間，受僱人員報酬占 GDP

的比重從近五〇％減少到四五％左右，少約五個百分點，可見勞工分到的餅比資本家少。

非典型僱用興起

非典型僱用指的是工作時間彈性、採約聘方式的就業型態，例如短期工、派遣型態工作或專案執行的約聘人員，企業主可藉此節省退休金。由於它異於一般穩定正職，因此薪水也相對較低。非典型僱用產生的原因在於，企業面對經濟全球化、自由化的趨勢，需要增加人力運用彈性與降低勞動成本，以提升自身競爭力。理論上來說，企業採取非典型僱用型態，會對正職工作產生兩種相反的效果：

1. 非典型僱用能與正職員工互補，使企業內部分工更加專業化，並減少行政與人事費用，幫助企業降低成本及提升產品價格，進而提高競爭力，導致企業勞動需求增加，帶動正職員工的薪資水準上升。

2. 非典型僱用也可能因為成本較低，促使企業轉而用來取代正職員工，因而降低企業對於正職員工的勞動需求，壓低正職員工的薪資水準。

在上述兩種相反的效果下，非典型僱用人數增加對正職員工是利是弊，要看實際情況中哪種效果的力量較強。就臺灣而言，根據臺大國家發展研究所辛炳隆教授（二〇一一）的研究，二〇〇八～二〇一一年間，非典型受僱者占總受僱者的比例都呈現逐步上升的趨勢，顯示國內非典型工作日益普遍。辛教授進一步的分析發現，在工作能力、工作內容等客觀條件相同的情況下，非典型受僱者的薪資確實低於全天正職工作者。透過問卷調查的結果，也發現國內多數企業對正職員工與非典型工作者所提供的薪資與福利項目確實不同。

此外，他的研究也發現，非典型工作者比例愈高的產業，全時正職員工的薪資也愈低，因此推論企業使用非典型員工可能會替代掉部分正職員工的工作機會、壓縮正職員工的薪資成長，也造成大環境下平均薪資停滯不前甚或下降，使得年輕人起薪愈來愈低、工作保障不穩定，並進一步導致初階、進入門檻低的工作漸漸轉為非典型僱用的型態。

雖然臺灣依賴人力派遣公司提供臨時勞動力占總勞動力比例仍在五％左右，低於日本、韓

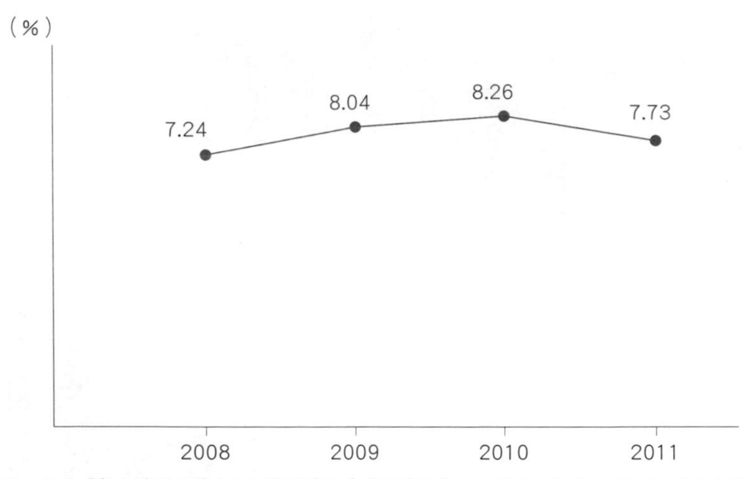

註：由於「部分時間工作者」可能同時也是「臨時性或人力派遣工作者」，所以兩者占全體就業人數之比率合計高於整體「部分時間、臨時性或人力派遣工作者」之比率。

資料來源：辛炳隆 (2011)「非典型就業之衡平機制——經濟面之研究」，透過人力運用調查原始磁帶資料推估而得。

部分時間、臨時性或人力派遣工作者人數與占全體受僱者比率

國的一二・七%與二三・八%，但非典型僱用所帶來的低薪、流動率高等問題，對初入職場的新鮮人而言，確實是個不定時炸彈。

為什麼年輕人更容易失業？

臺灣年輕人的失業率約為平均失業率的三倍，到底背後的原因何在？根據觀察可以歸納為以下幾個因素：

第一，畢業待業時間及初任工作不穩定，換工作機會高：年輕人剛畢業後找工作有一定的待業期間，而且由於志趣尚未定型、穩定下來，因此找到工作後跳槽的機會很大，尤其在六、七月的畢業潮，換工作的比率會跟著攀升。

第二，勞工退休年齡延後，排擠到年輕人的工作機會：在全球金融風暴及歐債危機肆虐下，政府財政負擔大，無力支付退休金，只好修法讓勞工退休年齡延後，當然也剝奪了年輕人找工作的空間。

第三，專上畢業生多，產生學用不符的問題：教育改革後，大學錄取率超過九成，使專上畢業生增加，但現行教育下的通識課程無法符合企業主的需求。

第四，景氣復甦不明朗，企業聘人趨於保守：歐美深陷債務危機，加上中國大陸推動騰籠換鳥，企圖以高附加價值的產業，取代高汙染、高耗能的勞力密集製造業，也使中國大陸經濟有軟著陸的壓力。當世界三大經濟引擎馬力堪憂時，全球景氣不明，也影響到臺灣的整體景氣，導致企業不敢大規模徵才。

第五，勞動條件僵化使企業傾向於自動化：近年來，包括基本工資、勞資協調及資遣標準等勞動條件的變化，大為提高裁員、減薪的難度，故企業傾向於以自動化的資本設備來取代人力。

第三章

掌握政策，御風而上

大陸經濟是金磚或錢坑？

根據《商業周刊》與104資訊科技集團的合作調查*，針對二一九六位臺灣上班族調查，發現超過八成的求職者有意願第一份工作就西進大陸；超過六成無工作經驗的職場新手，甚至願意一開始就到中國大陸擔任第一線的門市、銷售人員。調查顯示，薪水福利高、大陸市場的發展潛力和增加個人歷練，為臺灣年輕求職者西進大陸的前三大考量因素。究竟，大陸市場具有什麼樣的吸引力？背後又有什麼風險？大陸房地產泡沫會不會成為拖累經濟成長的變數？這些問號，均值得有意前進大陸創業、就業的年輕人好好思考。以下將一一剖析大陸經濟現況，作為前進大陸與否的思考利基。

* 〈315天追蹤　王品店長上海登陸記〉，《商業周刊》一三九〇期。

二〇〇二～二〇一二年的十年之間，中國大陸平均八％以上的經濟成長率傲視全球，也吸引了不少臺灣年輕人對於赴陸工作躍躍欲試。但跨海打拚之前，有必要先瞭解大陸的前景是否仍然一片光明，尤其當大陸實施一連串打房、禁奢的措施之後，經濟似有出現降溫的「軟著陸」現象。

隨著中國大陸年年調薪，加上土地、環境保護的成本上升，以投資、加工貿易驅動的經濟型態面臨升級轉型壓力，中國大陸於是推出十二五規劃（即大陸的第十二個五年經濟建設計畫），其如意算盤為：

1. 因應沿海工資上漲，將勞力密集產業移往內陸，沿海則升級為高科技、高附加價值、低汙染的行業，即所謂的「騰籠換鳥」。

2. 內陸因為產業移入而使就業增加、所得提高，即可緩和沿海與內陸的所得差距，降低社會可能因而引發的衝突。

3. 擴大內需，降低對投資及出口的依賴。過去一、二十年來，中國大陸靠投資及出口驅動創造了高度成長的經濟奇蹟，但投資也造成生產過剩及通貨膨脹，而出口導向的策略，在大陸GDP已達六兆多美元、歐美經濟下滑使進口胃納縮減下，再也沒有國家或地區有這麼大的能耐繼續吸收中國大陸的出口，因此，大陸有必要轉向內需，以內需及出口作為推動成長的雙引擎。

4. 在大陸內陸、沿海工資都升高後，大陸必須發展新興產業（七大戰略性產業、生產性服務業）、提高自主創新能力，才能創造更高的附加價值，藉此吸收上升的勞動成本。

5. 大陸擔心成為歐美貿易保護的靶子，所以推動節能減碳、發展新能源、減少能源密集產品的生產與出口，也是重點之一。

6. 以城鎮化驅動擴大內需。由於大陸有十三億人口，故經濟發展一開始要讓一小撮人先富起來，所以先提高城市人口的所得，農村則致力於農業生產，導致城市和鄉村人口的所得差了近三～四倍。因此，未來希望能讓更多的農村城鎮化，以改變消費型態。當鄉村轉型都市後，消費方式也會有一百八十度的變化，例如現金交易轉為信用卡交易、小店改為購物商場、量販店等，進而擴大對服務業的需求。

另外一個值得我們寄予厚望的就是大陸的十八大三中全會（以下簡稱三中全會）。三中全會標榜全面深化市場經濟改革、加速產業結構調整，如改革成功，大陸可望在二〇二〇年轉變為強調私有產權和更尊重市場的經濟體。

根據《三中全會公報》，經濟改革重點包括堅持和完善基本經濟制度、加快完善現代市場體系、加快政府職能轉變、深化財稅體制改革、健全城鄉發展、構建開放型經濟新體制；在細節的改革上，包括金融改革、財稅體制改革及土地與人口政策等。二〇一三年的《今周刊》*即點出了三中全會的四大經濟紅利，包括人口紅利、開放紅利、內需紅利、產業調整紅利。

* 〈習近平沒說出口的商機〉，《今周刊》八八七期，頁七九～八一。

人口紅利：鬆綁一胎化使獨生子女夫妻可以生育兩個孩子，讓每年平均一千六百萬的新生人口再增加一百五十萬人，有利於嬰幼兒產品及後續的醫療、教育服務等消費需求。

開放紅利：開放金融、教育、文化、醫療等服務業，並推動上海自由貿易示範區，能正面刺激上述領域的消費。對臺商而言，金融、文創以及《ECFA服務貿易協議》開放的電子商務、連鎖加盟、金融證券保險均有相當的商機。

內需紅利：農民所得增加、城鎮一體化（即都市化）將擴大內需消費，有利於統一、鼎泰豐、王品、85度C等以大陸內需為市場的臺灣知名品牌廠商。

產業調整紅利：大陸由勞力密集產業邁向高科技及高附加價值的政策，將使節能環保、網路雲端、新能源、新材料、生物科技等戰略性新興產業及其供應鏈受惠。此外，也有利於支援上述科技產業的物流、設計、金融、資訊、通訊服務、維修等周邊服務業。

大陸推動改革有可期待之處，第一，隨著全球景氣復甦，中國大陸的出口也將受惠，抵銷轉型的困頓；第二，經濟景氣好轉時，民眾比較敢消費，有利於經濟成長；第三，基礎建設可以扮演緩衝角色，如果經濟成長不如預期，基礎建設就會加溫，避免經濟景氣快速下滑；第四，大陸外匯存底高達三兆多美元，城鎮化仍有一〇～二〇%的空間，有利內需擴大；第五，大陸經濟雖然趨緩，卻加速結構調整，由過去出口主導轉向內需導向，對相關服務業相當有利。

不過，大陸的改革也面臨不少阻力，包括環境保護和經濟發展的取捨；而中止及改革國營企業的特權也觸及利益團體的痛腳，加深改革難度。此外，中國大陸地方政府債務持續攀升、房地產景氣下滑，以及整體經濟成長趨緩，一旦若干地方政府破產，勢將引發金融、經濟的恐慌。

根據前文的論述，中國大陸的發展趨勢對臺灣年輕人也帶來一些就業的啟示：

1. 大陸由以往「世界工廠」變為「世界市場」，受惠產業包括與民生消費相關的娛樂、休閒、餐飲、教育、文化等生活服務，以及支援製造業的生產性服務業，例如物流、設計、金融、保險、能源服務、電子商務、醫療保健、科技服務、信息服務、商務服務、自主創意服務，以及最近很夯的物聯網等。

2. 一胎化的鬆綁有利醫療、嬰幼兒消費、幼兒園、補習班、教育等相關服務業。

3. 大陸進行產業結構調整，若干高值化的策略性產業較有轉型商機，包括環保節能、雲端科技、新能源、新材料、新能源效率、生物科技以及雲端設備製造業等。

因此，對有意前往大陸創業或就業的族群，可以正視上述開放及規劃領域的發展方向。不過，中國大陸也是兵家必爭之地，瞭解當地社會、文化特色，能夠在地化並衡量自身財力，正確選擇市場就變得相當重要。而欲選擇就業的行業，也要瞭解公司產業的在地化、國際化優勢，尤其是產業的進入障礙變高，代表不易被其他競爭者山寨、抄襲，在大陸成功的機率也相對較高。

倘若是有意前往大陸就業的新鮮人，可先鎖定臺灣目前已在大陸投資布局的服務業廠商，洽詢徵人、培訓計畫，有所歷練再前往大陸任職。在臺灣廠商的庇護下到大陸發展，遠比個人單槍匹馬至大陸謀職風險來得低。因為大陸國營企業多，臺灣人的關係不如在地人，加上大陸各省、各城市的地域關係深厚，若隻身闖蕩，比較容易受到排擠。

步步驚心的產業轉型前景

臺灣就業 vs. 前進海外

二〇〇八年以來，臺灣的薪資成長有限，甚至幾近停滯；反之，中國大陸仍可維持八%左右的經濟成長，且薪資水準不斷攀升，新加坡、澳洲、紐西蘭的經濟表現也在水準之上，故不少年輕人興起海外打工甚或就業的念頭。尤其若干海外博、碩士學位的年輕人，更想憑藉著國外高學歷赴大陸就業，博得一席之地。因此，本文先分析年輕學子赴海外打工、工作的正負面觀點，再回過頭來探討臺灣的就業機會。

就前往海外工作而言，學習語言、生活經驗、拓展國際觀均是海外打工、遊學及工作的正面優點，如果海外工作薪水高，更可累積一年儲蓄。不過，根據《天下雜誌》五四一期〈台勞輸出啟示錄〉的一篇報導指出，若前往新加坡工作取得的是低階工作許可（WP），月薪將在三萬五千～四萬元新臺幣左右，但當地的物價水準高，加上拿WP許可不能中途換工作、懷孕、結婚等，違反就要賠款，能儲蓄的金額有限。

在澳洲方面，當地工資雖然較高，但受到中國大陸經濟下滑的影響，對大陸輸出的礦產也大幅減少，導致澳洲經濟降溫，能否提供像以往一樣的工作機會值得存疑。一旦合法工作機會減少，因而改為從事非法打工，不但有法律刑責，工作受傷也沒有保險。最近曾訪問幾位前往澳洲度假打工的年輕人，他們反映在觀光區打工的時薪較低，約二百～二百五十元新臺幣，但如果語言能力夠好，就能前往內陸或礦區享有約四百～五百元新臺幣的時薪，若扣掉房租再省一點，仍可擁有一定的儲蓄。因此，相關不確定性應在前往遊學、打工、工作前先釐清。

另外，前往海外賺錢的經驗能否和返臺工作的生涯接續也是一個值得關切的問題，如果無法有效接軌，那麼考量出國所失去的年資以及升遷可能增加的薪水，海外和臺灣的工作薪資差距可能沒有看起來的那麼多。

至於在大陸就業方面，目前當地市場也很競爭，甚至連海外留學生（簡稱「海歸派」）也不再吃香，他們當中有七成的月薪不到新臺幣四．五萬元，有人謔稱已由「海龜」變成「海帶」了。這意味著，不是人人都可以取得高薪，海歸派應徵時不必然能仰仗「傳統優勢」獲得優先錄取，因此，所學領域與進入行業的關聯性，以及自己的工作能力，遠比海外學歷更為重要。

既然大陸年輕人在大陸就業都很困難，對離鄉背井前往大陸求職的臺灣年輕人而言也將面臨同樣困境，所以當學生問道：「如有機會，該不該去大陸發展？」我是這麼回答：「如果在臺灣沒有競爭力，到大陸一樣是無競爭力的。因此，必須在海外或臺灣累積相當的工作經驗，具有創新的手法、技能等條件才能在大陸勝出。光憑高學歷卻缺乏經驗，前往大陸發展機會不大。」

隨著臺商的布局大陸，從早期的中小企業到二〇〇〇年至今的高科技產業，以及最近的服務業登陸，臺灣年輕人將有很多機會隨著臺商投資大陸而搭上國際化列車，但應該掌握臺灣的創新特性並因地制宜，創造自己與大陸求職者的差異性，凸顯自己的優勢，方能避免水土不服的狀況。此外，最好從事自己有高度興趣的行業，才能持之以恆；保有興趣及熱誠，才能將工作視為「生涯志業」(career)，如果只是為了賺錢而工作，則不過是份「工作」(job)而已。

兩岸競爭態勢變，在臺赴陸拚就業

上課時學生問道：「過去臺灣鎖國，未能搭上中國大陸高成長列車，而目前大陸經濟急轉直下，臺灣卻和大陸透過ECFA的臍帶緊緊相連，會不會因而受害？」我回應：「大陸經濟雖然不如以往高成長，但巨額的外匯存底與政府的高決策效率，未來仍有相當的發展潛力，臺灣未來命運的好壞，端視臺灣如何善用大陸轉型契機。」目前大陸經濟雖然不再高速成長，但如同前述，應不至於硬著陸，仍可帶來不少機會。

過去二十年來，臺灣產業大量外移大陸，將之視為廉價的代工基地，並享受出口成長、經濟熱絡的好處。不過，隨著大陸推動十二五規劃，加上大陸的聯想、中興、華為等國營企業已在PC、通訊手機上嶄露頭角，大陸自己的供應鏈廠商會愈來愈成熟，排擠臺灣代工的機會，這正是所謂的「成也大陸，敗也大陸」。

隨著大陸產業升級，兩岸的產業分工態勢由合作轉為競爭，因此年輕人若想要在製造業有一片天，必須選擇臺灣在各領域上高居全球前幾名的代工企業，或是有品牌、通路，能主導產業規格或進入障礙高的產業，如醫療器材（必須國際認證）、工業電腦（必須小量多樣）、工具機與自行車（擁有技術水準高）、文化創意、中小型生技領域、具兩岸市場的網絡、IC設計與晶圓代工等。

至於服務業方面，哪些服務業在大陸比較有機會呢？首先是支援大陸製造業發展的「生產性服務業」，包括物流、電子商務、工業設計、商業設計及資訊、通訊服務業；其次是比較優質的「消費性服務業」，如具品牌的連鎖加盟業，包括85度C、統一、康師傅、麗嬰房、鼎泰豐、王品牛排等；或是具安全、安心且有一定規模的食衣住行相關的服務業，如房仲服務、休閒服務等。另外，人口老化、少子女化也使服務業充滿商機，包括物聯網、電子商務、銀髮族理財、休閒娛樂、養生照護、教育、補習班等行業將相對較有機會。

產業結構轉型的推手——三業四化

臺灣政策孕育的新工作機會

瞭解大環境的變化後，接下來我們回過頭來看看臺灣的產業發展，依序介紹政府目前至未來三～五年的產業政策，包括三業四化、自由經濟示範區、《ECFA服務貿易協議》等。跟著政府政策走，資源比較容易聚焦，機會相對較大。因此讀者若能瞭解政策走向、按圖索驥，比較容易掌握具有潛力的就業機會。

政府於二〇一二年推動《臺灣產業結構優化——三業四化具體行動計畫》，以加速產業升級轉型，全面啟動製造業和服務業雙引擎。「三業四化」淺顯地說，就是產業追求現代、升級轉型的行動方案，它包括製造業服務化、服務業科技化與國際化、傳統產業特色化，目的在於強化製造業的客製化服務比重，使製造業不單是「製造」的思維，能更貼近市場與客戶。另一方面也鼓勵企業運用資訊通訊、網路等科技工具促進服務業提升品質，並協助服務業前往海外發展，提升國際競爭力；運用文化、設計美學、新材料、新商業模式等創新元素來提升傳統產業的特色與附加價值。

三業四化有助於臺灣未來五～十年產業紮根、加速升級轉型的大戰略，參與推動的企業往往也較有結構轉型的企圖心及憂患意識，因而更可能在未來的競爭環境中勝出，若在上述企業工作，就比較容易有生涯規劃及升遷管道。以下介紹三業四化的若干具體案例，讓讀者對此一政策有較詳細的認識。

在製造業服務化上，臺灣聞名全球的台積電公司（TSMC），藉由半導體代工，囊括了全球六成以上的代工訂單，成為臺灣之光。究竟它的獨到之處在哪裡？台積電除了利用網路平臺提供客戶專屬帳號，隨時從網路瞭解代工進度、掌握客戶需求並雙向互動，同時還利用本身的智慧財產權（IP），提供客戶在設計時的輔助工具，減少客戶在IP上的投資成本，加速產品的開發，也使客戶滿意度提高。

另一案例則為臺灣生產廚具、排油煙機、熱水器大廠：臺灣櫻花廚具公司。櫻花廚具開發了「3D繪圖系統」，並在櫻花生活廚藝館導入互動式設計展示，提供顧客360度模擬與體驗廚具的使用情境，看看房子的長度、寬度及裝潢和廚具是否相互調合。同時，透過電子資訊（ICT）系統與供應商、設計師聯結，方便顧客隨時上網更換產品材質與零件，打造心目中最真實的理想廚房。

值得一提的案例就是工業電腦大廠：研華企業，它一方面積極收集客戶需求、聆聽客戶聲音，不斷修改營運方向與策略，進而從工業電腦供應商逐漸轉為技術整合服務供應商；另一方面，結合工業級手持裝置的生產技術、智能設備互聯與整合、跨領域產業垂直解決方案等各項軟硬體技術，轉以「服務」取代「產品」。

在服務業科技化上，知名醫療產業企業，杏一醫療用品公司導入商品資訊、客戶關係管理等系統，藉此提升商品品質管理、降低庫存風險，並縮短員工的學習曲線、強化人才培育，同時也讓總部能掌握各分店的銷售狀況，因而成功從地區性的通路商成長為全國最大的醫療通路服務企業。現在幾乎在各醫院周邊都有杏一公司的蹤影，可見一斑。

另一方面，中興保全公司則結合了網路、雲端、行動化與整合系統等應用科技，發展具智慧化的多元安全保護系統，塑造保全服務差異性，同時突破社會對於保全與警衛之既定印象，延伸保全服務的範疇，尤其當前雙薪的夫妻多，較無時間陪伴子女、瞭解課後安親班狀況，或是照料高齡長者，此時中興保全的幼童與高齡者遠端看護系統、健康照護系統等，就提供了貼心的服務。

在服務業國際化上，鼎泰豐企業每天的觀光客大排長龍，除了它的知名度外，還有哪些不為人知的競爭優勢呢？鼎泰豐企業透過電子化總部（E總部）有效控管各分店，同時也打造專屬資訊平臺，將作業流程標準化，並即時掌握各地通路、顧客需求、喜好特質等資訊，確保提供顧客穩定且一致的產品及服務。顧客從進入店內點菜開始，他的國籍、偏好都迅速被註記，同時從入座到上菜的時間都經過充分的拿捏。鼎泰豐正是藉由複製這套成功的管理經驗，快速向海外拓展。

至於工業設計廠商浩瀚設計的案例，是公司運用知識管理運用平臺

(KMO)及全球分工模式，以臺灣為資源運籌總部鏈結國際資源，它的全球布局發揮極大效用，在美國聖荷西取得尖端技術及創新實驗室的最新資訊，並於上海、越南掌握生產製造優勢，成功形塑前瞻設計品牌的形象，提供顧客具全球整合的設計服務。

在傳統產業特色化上，禮餅企業大甲裕珍馨餅舖名聞遐邇，幾乎前往中部的觀光客，均將其產品視為重要的伴手禮，究竟它是怎麼辦到的？裕珍馨餅舖企業配合大甲鎮瀾宮，研發奶油酥餅供信眾購買作為供品，成為大甲特色文化美食與大甲三寶之一。同時為了保護大甲文化，裕珍馨成立了「裕珍馨文化基金會」，並設立大甲文化三寶館。

法藍瓷企業的花瓶、茶具擺飾等，在臺灣各大百貨公司的專櫃均可看到。它除了在紐約禮品大展贏得首獎打開知名度外，結合科技及文化意境更是其獨到之處。法藍瓷以傳遞東方人「師法大自然，悠遊天地間」的哲學思想為目標，研發出歷代陶瓷所沒有的暈染特性，使文化商品的層次感更為細膩，進而創造跨越古典的品牌形象。

上述知名案例對年輕人就業的啟示為：這些企業比較具有企圖心，尋求透過跨領域、增加服務內涵、結合創新大膽轉型、包裝文化特色等加值產品，賦予產業新的面貌，遠比保守的產業具有前景，因此，選擇就業機會時，可以著眼於公司是否有創新內涵、結構轉型努力，或全球化布局的視野，而能因應時代的變遷。如有上述特質，個人可隨著公司的成長而享有較佳的職涯發展。

與國際接軌的催化劑——自由經濟示範區

行政院於二〇一三年年底通過《自由經濟示範區特別條例草案》（以下簡稱《條例草案》），並送往立法院審議。其中的第一階段以六港一空（基隆港、臺北港、臺中港、蘇澳港、安平港、高雄港及桃園機場）及屏東農業生技園區既有的規劃為主，並鬆綁規章及招商，希望能夠帶動約二百億元新臺幣的民間投資，並讓國內生產總值增加三百億元，創造一・三萬個就業機會。

究竟什麼是「自由經濟示範區」（以下簡稱「示範區」）？為何需要推動？其實，臺灣面對國際化、參加區域貿易協定時，勢必會面臨市場開放壓力，因此若自己先選擇若干地點作為示範區，先行試驗自由化（如

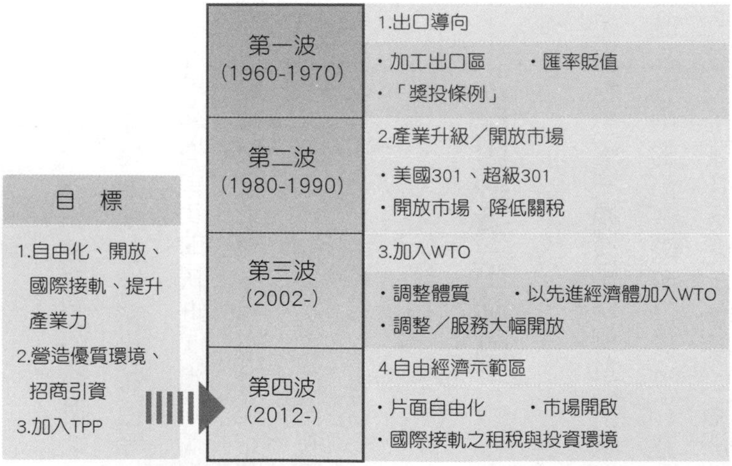

目標
1.自由化、開放、國際接軌、提升產業力 2.營造優質環境、招商引資 3.加入TPP

第一波（1960-1970）	1.出口導向 ・加工出口區 ・匯率貶值 ・「獎投條例」
第二波（1980-1990）	2.產業升級／開放市場 ・美國301、超級301 ・開放市場、降低關稅
第三波（2002-）	3.加入WTO ・調整體質 ・以先進經濟體加入WTO ・調整／服務大幅開放
第四波（2012-）	4.自由經濟示範區 ・片面自由化 ・市場開啟 ・國際接軌之租稅與投資環境

示範區是臺灣的第四波自由化

開放市場以及人才、資金的移動），看看衝擊大不大、效益高不高，如果衝擊小、效益高，再擴大至全臺灣，落實臺灣走向自由貿易島的目標；但如果成效不佳，則不再推動。所以，示範區有先行先試的意味，它也可以說是繼二〇〇二年加入WTO之後，另一波經濟自由化的關鍵。

整體而言，示範區分為兩個階段，以《條例草案》為分水嶺，一旦立法院審議通過，示範區就會進入第二階段，除了中央劃設外，地方政府也可主動申設示範區，再由中央核准，可望幫助臺灣吸引投資、活化經濟動能，對經濟形成重大且實質的刺激作用。而且，未來北、中、南均可能設立示範區，也有創造就業、平均區域發展的作用。

《條例草案》以自由化、市場開放為主軸，推動金融服務、教育創新、智慧物流、國際健康、農業加值等五大重點產業，並透過人流、物流的開放及若干租稅優惠等吸引國內外廠商在區內投資。對內可望招商引資，賦予臺灣更新的活力及平衡區域發展；對外則可望提升臺灣產業的競爭力，塑造加入《泛太平洋夥伴協議》(TPP) 的有利條件。

大體而言，示範區的規劃方案具備以下幾項特點：

1. 對外資鬆綁的自由化策略，項目包括放寬外籍專業人士來臺工作時有關聘用幫傭的限制；律師、建築師、會計師三師也納入開放範圍，而陸資則參照 WTO 承諾，並簡化區內僑外投資程序等。

2. 推動優先示範的重點產業項目，包含農業加值、金融服務、智慧物流、國際健康；另外也將鬆綁教育法規，推動「教育創新」。

3. 提供和國際接軌的租稅優惠，包括外國貨主於示範區內從事貨物儲存或貿易加工，外銷一〇〇%，內銷則一〇%免營所稅；其次，外籍專業人士來臺前三年的薪資所得半數課徵；再者，臺商海外盈餘或股利匯回示範區內的實質投資免所得稅（但不含最低稅負）。

我們進一步來看幾個優先示範的產業，推動農業加值的源由在於，過去國內農產品直接出口，缺乏附加價值，因此若能引進國際原料在示範區內加工，打上MIT品牌，將有助於提升利潤。舉例而言，瑞士本身不生產巧克力的原料可可豆，但藉出進口可可豆加工，成為全球知名的巧克力生產國；同樣地，日本也藉由進口咖啡豆加工製造，創造了知名咖啡品牌UCC企業。

其次，在金融服務方面，臺灣每年有數百億美元的出口順差，但這些辛辛苦苦出口賺來的錢，卻跑到新加坡、香港去買基金、金融商品理財，而不是留在臺灣金融業作有效率的活用與投資，所以臺灣每年有數百億美元的資金外流。若能透過金融業務分級管理，發展財務與資產管理業務，並鼓勵國內金融機構創新金融產品，使臺灣成為亞太資產管理中心，除了培育金融、證券專業人才，也可吸引外移資金回臺進行財富管理。

針對智慧物流，高雄港的貨物運輸量在全球的排名節節下滑，除了產業外移的因素以外，物流的管制、課稅也增加了使用者的運輸成本，進而影響港口的前景。因此，示範區規劃透過創新關務機制及雲端平臺等資訊服務來提供物流服務，並採取「前店後廠，委外加工」方式，提高商品附加價值，帶動產業發展，希望重振臺灣在亞太物流的地位。

在國際健康方面，臺灣的全民健保陷入財務困境，雖由一代健保進入二代健保，但財務情況仍不理想，因而壓抑了醫事人員的薪水及醫療設備的投資，造成醫事人員紛紛出走國外。而劃設國際醫療專區可吸引外國客人來臺灣進行醫療、健檢、美容，這些客戶必須自費，不可使用健保，能使醫院獲得額外收入，進而降低對健保的依賴。因此，透過示範區內鬆綁法規及人才流動限制，吸引外人來臺進行國際醫療，一方面可以增加外人來臺觀光的吸引力，另一方面可以使若干醫院擺脫對全民健保的依賴，有助於縮減健保的虧損。

最後，國內教育在層層管制下逐漸喪失活力，大專院校太多也面臨淘汰的命運，因此藉由本國和國外大學設立實驗大學（分校、分部），突破現有法令框架，包括課程、學費、教師費用管制的鬆綁，並擴大招收境外學生，使學校有機會招收到更多學生，獲得資金添購更好的設備，以養成優秀人才、朝知名院校邁進，並進一步吸引更多學生，產生良性循環。

示範區的產業在臺灣本身就是優勢行業，但逐漸受到全球環境改變的挑戰，因此藉由鬆綁稅率及法規，可恢復這些行業的活力，而不會像「溫水煮青蛙」一般使產業凋零。同時，設立示範區能為就業帶來一些機會，首先，地方縣市政府申請設立當地的示範區，如桃園航空城、彰濱工業區、高雄南星、臺中港等，將可帶動不少商機。因此，應注意有意願申請並核准通過示範區的縣市，未來經濟較有成長的動能，就業機會也比較多。其次，各縣市規劃的示範產業（包括前述的農業加值、國際健康、智慧物流、金融服務、教育創新等）以及與之相關的周邊產業（如工商服務、運輸物流、設計、醫療服務、休閒服務等）會比較有潛力，能提供未來年輕人創業、就業一展長才的機會。

服務業轉骨關鍵——ECFA與《服務貿易協議》

ECFA內涵

兩岸於二〇一〇年第五次江陳會時簽署《兩岸經濟合作架構協議》(Economic Cooperation Framework Agreement, ECFA)，並於二〇一一年一月一日早收清單公布後開始實施。究竟ECFA的意涵為何？對臺灣又帶來什麼商機與挑戰？攸關臺灣年輕人的工作機會，不可不仔細瞭解。

ECFA是在兩岸政治現實下，簽署的「自由貿易協定」，因為兩岸政治上互不承認，所以不能稱為自由貿易「協定」，而稱為「協議」。加上兩岸經濟體規模差異太大，擔心一下子完全開放，對臺灣經濟衝擊太大，故以五～十年為期逐步到位。臺灣之所以簽署ECFA，一方面是想讓臺灣產品前進大陸時的關稅降低或取消，另一方面也想鬆綁服務業進入大陸的限制，讓兩岸間的貿易與服務往來更為便利，並使臺灣業者在中國大陸市場取得競爭優勢。

ECFA主要包含五章，包括序言、總則、貿易投資、經濟合作、早期收穫及其他。序言主要說明兩岸簽署ECFA的動機；第一章闡述了ECFA的目標及主要合作措施；第二章說明了貿易與投資項目的開放、關稅的減免；第三章釐清強化兩岸未來經濟合作的方向；第四章為大家耳熟能詳的早收清單(early harvest list)，讓兩岸雙方在簽署的第一年能快速開放約一〇%的進出口產品，提供雙方貿易量增長的「甜頭」，為更進一步合作打下基礎；第五章則是合作機制的規劃與相關協調，包括了爭端解決、機構安排，生效、終止等其他規定。

序　言	
雙方同意，本著世界貿易組織(WTO)基本原則，考量雙方的經濟條件，逐步減少或消除彼此間的貿易和投資障礙，創造公平的貿易與投資環境	
第一章 總　則	1.目標 2.合作措施
第二章 貿易與投資	3.貨品貿易 4.服務貿易 5.投資
第三章 經濟合作	6.經濟合作（包括智慧財產權保護、金融合作、貿易促進及貿易便捷化、海關合作、中小企業合作、經貿團體互設辦事機構等）
第四章 早期收穫	7.貨品貿易早期收穫 8.服務貿易早期收穫
第五章 其　他	9.例外 10.爭端解決 11.機構安排 12.文書格式 13.附件及後續協議 14.修正 15.生效 16.終止

資料來源：行政院。

ECFA 內容概要

ECFA有四實

政府推動ECFA簽署主要著眼於四大利多，分別是擴大市場、和平紅利、產業合作與國際接軌，以下分別說明意涵：

第一，擴大市場：ECFA可降低關稅、開放市場，使臺灣的產品、服務可以順利跨入大陸。尤其中國大陸是臺灣第一大出口市場，占我國出口的四一％，也是第一大貿易順差國，讓臺灣享有八百億美元的順差，因此洽簽ECFA來鞏固乃至擴大市場，是個務實的選擇。韓國和美國簽署《韓美自由貿易協定》後，就使得韓國產品在美國的市場占有率大幅提升。當然，ECFA採取分期逐步開放項目及減稅的作法，和《韓美自由貿易協定》一步到位不同，但ECFA一旦開放項目及減稅完全到位，即可發揮重大效益。

第二，和平紅利：兩岸在簽署ECFA之後，可能有助於減少軍事威脅，並降低軍備、國防投資，政府將有更多資源從事科技、經濟的建設投資。目前臺灣的國防支出占政府總支出已低於二〇%，相對於面臨阿拉伯國家威脅的以色列，其國防支出占總支出四〇%以上，兩者即有很大的分野。

第三，產業合作：臺灣在科技產業、服務業的發展較早，應用研究的實力也比較強，具有人才及研發上的優勢；反之，大陸基礎研究強、市場大，所以雙方能有不少合作機會。一方面臺灣可以協助大陸縮短學習的時間與成本，相對地，大陸可以提供臺灣市場，發揮規模經濟的效益。

第四，國際接軌：在兩岸長期敵對下，臺灣對大陸採取封閉政策，而且在產業外移下，國內經濟活力喪失，和國際的接觸也相對降低。如以機場為例，臺灣的桃園機場興建於二十年前，和韓國的仁川、上海的浦東、新加坡的樟宜、香港的赤鱲角機場，在品質、格局上相距甚遠。

其次，過去臺灣在美國的壓力下，不斷被迫開放市場、研擬智慧財產權保障專法等，但每次臺灣都能有效因應、調適，反而變得更具競爭力。但如今和國際脫軌太久，一談開放就害怕，強調保護農業、傳統產業，以免損及勞工、產業的生機，但事實上，臺灣的出口占GDP六成五以上，欲攻占別人的市場，怎能奢言不開放自己的市場？因此應該積極開放、攫取出口商機，在汽車零組件、工具機、機械、紡織成衣乃至金融證券保險、電子商務、文創產業上可以為臺灣創造更多就業機會，並帶動薪資成長。當然，協助弱勢產業升級轉型也有其必要性。

ECFA對製造業的影響

由於臺灣對電機及電子產品的關稅只有〇．三六%，故開放市場對臺灣產業的衝擊有限。ECFA簽訂後對LED、IC設計、網通、手機及零組件、半導體以及NB與零組件等產業所帶來的影響不大，因大部分產品的中下游都在大陸製造，所以幾乎沒有關稅上的問題，若關稅不降，廠商仍可透過大陸廠來出貨。其次，對於面板產業，因前段製成的面板半成品必須運至大陸組裝成品，若能降低其進口關稅，將有利於臺灣的面板廠，另太陽能產業的部分原料成本也可些許降低。

至於對傳統產業而言，汽車零組件、機械業、紡織業及部分的石化業，在關稅和其他國家進入大陸市場取得平等地位後，有助於拓展大陸市場。一般而言，ECFA對出口導向的企業幫助較大，對內需型的中小型製造業，如食品、汽車、水泥、家電、陶瓷、紙業等則衝擊較大。

《ECFA服務貿易協議》

服務業占臺灣GDP的比重已接近七成，但臺灣國內市場太小，加上近年來所得成長停滯。以一九八一～一九九九年為例，當時臺灣的可支配所得每年平均成長九％，消費也成長八％左右。可是二〇〇〇～二〇一〇年這十年間，所得只成長一％，消費則成長不到一％，以至於內需低迷。

因此，臺灣服務業缺乏「自我永續成長的動力」，若要改變這個局面，有兩條路可走，第一是擴大觀光來刺激內需，第二則是整合資源、協助中小企業，讓服務業「走出去」，利用海外市場來發揮規模效益、發展品牌，進而升級轉型、脫胎換骨。

泰國餐廳是服務業輸出提升國內經濟效益的一個絕佳例子。泰國將廚師認證、分級，有計畫地協助他們到海外展店，政府也提供貸款、裝潢、菜單設計，條件是多數食材必須取自泰國。所以，泰國餐廳也間接帶動了國內食材、廚房設備的出口。

由此可知，服務業的輸出將能夾帶原料、機器設備、授權，帶動有形、無形出口，而人才在臺灣受訓送至海外擔任儲備幹部，可以擴大年輕人的視野，突破薪資困境，並使國內的人才有更大的成長空間。不過，政府輸出服務業時，也必須有計畫地整合資源，包括出口資源、人才的盤點、培訓，才能發揮效益。

那麼要選擇哪個海外市場優先開拓對臺灣比較有利呢？由於服務業和語言、文化有關，因此，雖然東協也是重要的市場，但中國大陸仍應被列為首要目標。實際上，臺灣八成以上的連鎖加盟服務業，都是先在大陸打響品牌，再國際化的。要開拓大陸市場，ECFA架構下的《服務貿易協議》（以下簡稱《服貿協議》）可能是方法之一，它能降低臺灣服務業進入大陸市場的障礙，尤其在電子商務、文創、金融證券、保險、連鎖加盟服務業等。

《服貿協議》中，大陸對臺灣開放電子商務、金融／證券／保險、營造、資訊／通訊服務業、配銷服務業、展覽服務業等，而臺灣則對大陸開放美容美髮、印刷、旅行社、自用小客車租賃、餐飲服務、中草藥、視聽服務業等。

由於臺灣有不少生產技術優於大陸，因此若能提供包括製造、技術、服務的整廠輸出模式給大陸，例如將連鎖加盟餐飲、休閒服務授權給大陸

中國大陸對臺灣開放項目		臺灣對中國大陸開放項目
獲65項承諾，全數超出中國大陸在WTO所作承諾		獲55項承諾，2/3低於或等於臺灣在WTO承諾，1/3高於臺灣在WTO承諾
福建試點臺資持股上限55%，可申請ICP許可證（超出ECFA）	電子商務	根據投審會陸資投資正面表列，臺灣對中國大陸已全面開放
出版：簡化臺灣圖書進口審批、設立快速通道（超出ECPA） 電影：大陸製作電影可在臺灣進行後製和沖印 電玩遊戲：臺灣研發線上遊戲入陸審查期限不超過 2 個月（同ECPA）	文創	無新增開放項目（但可以進口中國大陸書、可做中國大陸書籍批發與零售）
同中國大陸國民待遇（但業者認為中國大陸有許多潛規則，能否乘坐陸客來臺，多持觀望）	旅行社	可設立獨資旅行社，但家數僅限3家，具有經營範圍限制
同金銀、金證會決議	金融	同左
經營汽機車強制險	保險	修正中國大陸業者在臺設立代表處及參股平等規定
開設獨資醫院由早收清單之4省1市增加20餘個城市（同ECPA）	醫療	開放中國大陸以合資捐助方式來臺設立財團法人醫院，且外國人和大陸人士比例不得超過1/3

兩岸服務貿易協議開放重點項目

網際網路接入服務、境內外客服中心（有持股上限）、試點開放臺灣獨資境外客服中心	電信	開放陸資投資第2類電信特殊業務之存轉網路、存取網路與數據交換通信服務，但有持股上限，且不得具控制力
福建試點臺資持股上限55%，可申請ICP許可證（超出ECFA）	批發零售	根據投審會陸資投資正面表列，除藥局、藥房、藥妝店或活動物之零售外，臺灣對中國大陸已近全面開放
陸運：可合資經營城市間定期旅客運輸服務、合資設立客貨運兩用站、獨資設貨運站 海運：獨資在福建經營港口裝卸與貨櫃場，資本額與設立分公司等條件比照中國大陸企業 空運：獨資設立航空運輸銷售代理，且最低資本額比照中國大陸企業貨運承攬：繳期註冊資本額後即可設立分公司，無須1年等待期	運輸	陸運：陸資可投資汽車貨運業與纜車 海運：限於中國大陸籍業者依《海峽兩岸海運協議》來臺設立分公司及辦事處者 空運：限一條約、協定或海峽兩岸相關空運協議規定，或經目的事業主管機關基於平等互惠原則核准來臺經營民用航空運輸業務者，其在臺設立之公司或辦事處 （註：陸資來正面表列，早已開放）
允許臺灣業者在中國大陸提供展覽服務	會展行業	未有進一步開放

兩岸服務貿易協議開放重點項目

業者，或者結合醫療器材與醫院管理知識進行輸出，一方面可以收取權利金、攻占市場，另一方面可以將臺灣製造業服務化，將製造力量往外延伸。同時，兩岸若在科技、傳統產業上合作，結合臺灣的技術、大陸的製造與市場，將有利於發展品牌，進軍全球。

當然，《服貿協議》免不了對美容、美髮、印刷、中草藥等內需產業帶來衝擊，因此有必要做好輔導、補助，協助其升級轉型。值得留意的是，千萬不可為了保護上述弱勢產業，而放棄金融證券、保險、文創、電子商務、工商服務、連鎖加盟登陸擴大經濟規模的機會，畢竟，這些強勢產業才是年輕人所嚮往的行業。這些行業如果缺乏大陸市場的支持及規模經濟利益，將無法茁長、壯大，留下小型的規模，對人才的需求將停滯在低階，對經濟成長的貢獻也很有限。

另一個可能的問題是，服務業對大陸投資是否會造成臺灣產業空洞化呢？一般而言，商業服務業前往大陸投資比較不會有這個問題，反而有助於提升產業競爭力，並創造更多國際化的就業機會。因為ECFA簽署後，不少服務業以連鎖加盟型態前往大陸投資，形成虛擬群聚(virtual cluster)，和臺灣的連鎖加盟總部有密切聯繫，且依賴總部的管理與技術支援，因此總部不會縮小規模，反而能透過資金的挹注來提升競爭力。以85度C為例，它在大陸開了四百家左右的分店，但並未因而縮小臺灣分店的規模。

至於《服貿協議》對年輕人的意涵為何？一九六〇～一九八〇年代，臺灣的中小型貿易公司將臺灣的產品推銷到國際市場；一九八〇～二〇一〇年代，華碩、鴻海、台達電子等公司發展關鍵零組件成為世界級大廠，並為歐美跨國企業代工，開啟了電腦業二十～三十年的黃金歲月；而二〇一〇年之後，臺灣必須藉由服務業的國際化，加速升級轉型，為臺灣經濟的轉型再注入新的活力。若臺商能藉《服貿協議》登陸布局，臺灣的年輕人就可以在臺商企業庇蔭下，前往大陸工作，搭上國際化列車，進而培養更大的視野、國際觀及相關歷練，獲得較多的薪資成長機會。

根據前述分析，《服貿協議》可說是有助於臺灣年輕人擺脫低薪的困境，然而，政府推動《服貿協議》卻引發了三一八太陽花學運，究其原因，學運與黑箱作業、反中情節及年輕人對現況的不滿有很大的關係。

不過，隨著《兩岸協議監督條例》及九八二億元的《輔導及救助方案》誕生，黑箱作業的疑慮應會降低。此外，政府也在經貿國是會議中承諾定期發布《兩岸風險紅皮書》，並在兩岸經貿交流之時兼顧國家安全、文化主體性等，以抒解反中情節。至於針對年輕人對現狀不滿，政府則開啟對話平臺，並將更多政策重心和年輕人的未來有效連結，如此可望逐步消弭世代對立，讓《服貿協議》擺脫空轉的泥淖，經濟能有所突破。

總而言之，《服貿協議》的簽署雖然意見有分歧，但它對臺灣服務業的優勢、年輕人薪水的提升，還是有很大的幫助。這也是臺灣有不少年輕的求職者有意願到大陸工作，甚至不排除擔任第一線銷售人員的原因。

第四章

洞燭世界潮流，扭轉你我的未來

隨著網路及通訊科技日趨發達、全球化更加無遠弗屆，人口老化、消費趨勢等世界潮流也傳遞得更為快速，全球金融海嘯、歐債危機等國際問題也更容易蔓延擴散。所以，洞悉潮流也等於掌握求職、生涯規劃的走向。以下我們依序說明臺灣大環境的變化趨勢，再介紹世界潮流及對就業機會的影響。

不容輕忽的M型社會

何謂M型社會？

近年來，「M型社會」一詞在社會各階層都朗朗上口，這個名詞是由日本著名趨勢大師大前研一所首創，根據他的說法，M型社會是指所得階層在經濟長期衰退中呈現兩極化，中低所得族群及高所得族群各擁高峰，但中產階級比重下降，所得的人數分布呈現類似字母M的形狀。

過去的社會基本上是呈ㄇ型或中產階級多於高、低所得人口的凸型，一旦所得分配不平均，高、低所得這兩群人在生活、消費、自我認知及未來發展上將有相當大的變化，影響所及更可能引發社會衝突、治安問題，乃至政治效應，因此不容輕忽。

臺灣社會M型了嗎？

究竟M型社會是否已經形成了呢？根據大前研一觀察日本的經驗，他透過家庭年收入、產業收入差距的比較來支持M型社會的觀點：

1. 家庭年收入：一九九二年日本是以年收入四百萬日圓的中型家庭為中心，到了二〇〇〇年，占大多數的所得階層往所得較低的一方移動。年收入六百萬日圓左右的中間階層減少，而年收入在六百萬日圓以下的中下階層占了日本總人口八成，超過一千二百萬日圓的人數也增加了。臺灣也有類似現象，五十歲以上的年長族群家庭收入增加，其他族群的收入卻停滯不前。

2.產業的收入差距：日本各產業收入的差距也正急遽擴大，以個別產業來看，大眾傳播業的員工平均收入高居第一，金融、保險、證券等，建築、不動產業則次之；反之，運輸用機器、電氣、瓦斯、紙漿業等的平均年收入偏低。可見就產業收入的差距而言，M型社會已然形成。

回頭來看，臺灣是否也出現了M型社會的現象？我們可以從兩方面來討論：

1.所得的變化：根據朱敬一、鄭保志教授以一九九八～二〇〇三年五二四萬戶財政部報稅資料分析，一九九八年，前二〇％高所得為後二〇％所得的數十倍；二〇〇三年，前五％高所得者收入占整體二三．八六％，而最低五％者僅占〇．四六％。M型社會的現象也凸顯了出來。

2.平均儲蓄金額：根據主計總處二〇一三年十月的報告，前二〇%最高所得群組的年儲蓄金額為六十四萬元左右，反之，最後二〇%所得群組則為負儲蓄，每年短缺二萬五千元左右。影響所及，過去處於社會中層的社會中堅，在學歷貶值、薪資凍結、實質利率負成長等問題的壓迫下，原本可望晉身中產階級，反而愈來愈往貧窮的方向沉淪，顯示臺灣社會逐漸M型化。

M型社會怎麼來？

為何國人的收入差距會持續擴大呢？原因大致如下：

1.近年來臺灣的經濟發展兩極化，出口產業暢旺，但內需產業不振，加上過去電子科技導向的分紅配股，也使得不同產業員工的收入有極大的落差。

2.大型企業直接外銷，中小企業則由過去直接外銷，轉變為大企業的協力廠，其獲利能力不同，自然影響員工的收入。再者，大型連鎖加盟業者提供二十四小時的服務，許多規模不大的零售業者、傳統商店都面臨相當大的衝擊，此消彼長導致收入差距擴大。

3. 房價節節上升，使受薪階級在租金、購屋成本上都吃不消；反之，有多餘資金投資房地產者則藉由炒作致富，貧富差距因此拉大。

4. 政府的不當管制政策扶植了若干既得利益者，導致少數族群獲利，並往M型社會富裕的一端發展。

5. 少子女化、高齡化使社會上年長者的比重愈來愈高，同時導致儲蓄率增加，消費支出減弱，對經濟景氣不利，也使更多人邁向M型社會貧窮的一端。

另外一個筆者近年來觀察的心得，就是公司薪水也有M型化的現象。因為許多公司獲利不如前十年，在盈餘有限的情況下，加薪對象也會集中在前一〇%的核心成員，因為他們對公司而言不可或缺，一旦跳槽，公司損失重大。至於其他九〇%則因為隨時可找人補缺額，所以陷入薪資凍漲的窘境。這很現實，但金融業、科技業等行業的高階和中階員工的薪水正逐漸拉開，形成M型化。

如何避免自己成為M型化的犧牲者？

此外，筆者就最近到香港考察的經驗來分享，有香港學者指出，香港薪水差距的背後代表專業與國際接軌能力的差異。對缺乏特殊專長的高中畢業生，薪水只有五千港幣（一元港幣約為三．八元新臺幣），約為二萬多元新臺幣；如果擁有文科、商科大學文憑且有文書撰寫能力，則可以拿到二萬港幣的工資，足足提高四倍；如果更進一步，瞭解兩岸三地文化，可以利用簡體字、正體字、英文撰寫新聞稿者，則薪水躍升為三萬港幣；更有能力者，具審核前述新聞稿、編譯能力者，則可領取四～五萬港幣。此一趨勢在在地告訴了我們：「專業知識高低、語言優劣及接軌國際的能力大小，攸關未來薪水的高低」。

人口又老又少的危機與轉機

更老又更少的人口

根據內政部的統計，臺灣六十五歲以上人口占總人口的比率，由一九八一年的四．四一％上升至二〇一三年的一一．五三％，達到聯合國定義的「高齡化社會」(ageing society)。預計二〇一八年這個比率還會達到一四％，二〇二五年甚至可能超過二〇％，成為超高齡(super-aged)社會。

德國、英國及美國等先進國家分別早在一九三二年、一九二九年及一九四二年達到上述高齡化社會的標準，因此這些國家有相當的時間來準備老年人的照護、安養及社會福利措施等問題。相對而言，臺灣高齡化的速度相當快，且倍數化的時間還遠少於上述歐美國家，因此到了二〇五〇年，臺灣將與日本及韓國並列為世界上人口老化最嚴重的地區。其次，根據行政院經建會（現為國發會）《二〇一〇年至二〇六〇年臺灣人口推計》報告的推估，臺灣將出現人口減少的趨勢，雖然可能對生態環境有利，但對於社會經濟則恐有負面影響。

人口結構老化與少子女化，預計會帶來以下幾個重大影響：

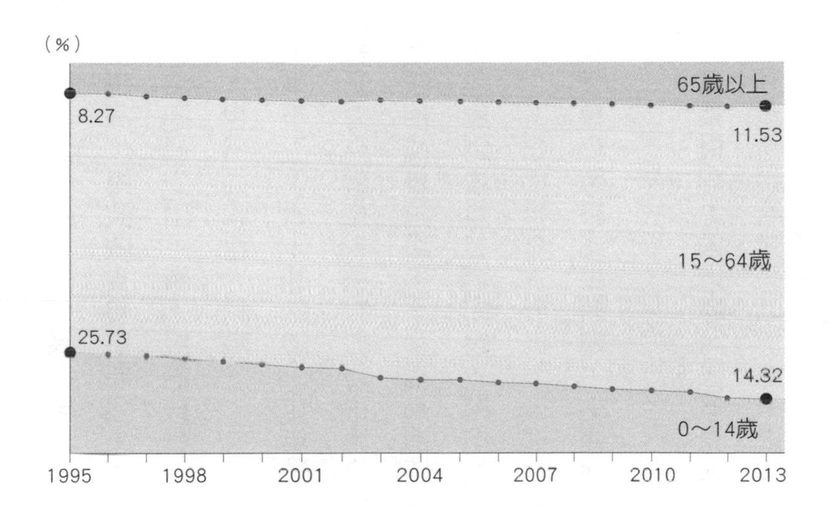

註：1. 老化指數是衡量一個國家／地區人口老化程度的指標。它的計算方式，是以65歲以上人口數，除以14歲以下人口數，所得出的比率，即為一個國家的人口老化指數。該指數愈高，代表高老齡化情況愈嚴重。

2. 扶養比是指每百個工作年齡人口（15至64歲人口）所需負擔依賴人口（即14歲以下幼年人口及65歲以上老年人口）之比，亦稱為依賴人口指數，比率愈高，表示有生產力者的負擔較重，比率愈低，表示有生產力者的負擔較輕。計算方式為(0～14歲＋65歲以上人口)／15～64歲人口×100。

資料來源：內政部戶政司。

1995～2011年臺灣人口結構

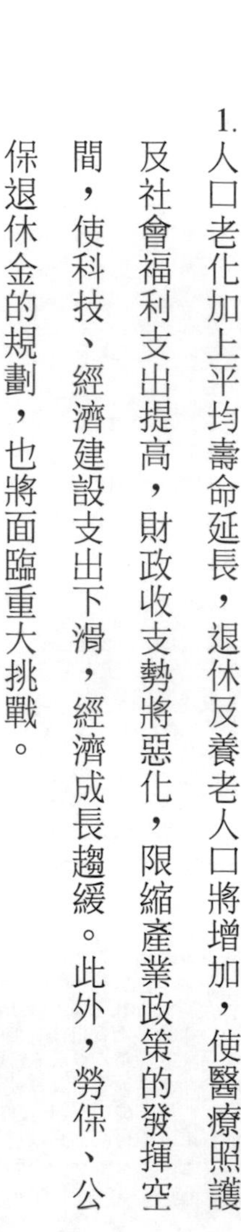

1. 人口老化加上平均壽命延長，退休及養老人口將增加，使醫療照護及社會福利支出提高，財政收支勢將惡化，限縮產業政策的發揮空間，使科技、經濟建設支出下滑，經濟成長趨緩。此外，勞保、公保退休金的規劃，也將面臨重大挑戰。

2. 少子女化將使未來十五～六十四歲的工作年齡人口減少，導致年輕勞動力短缺、勞動力高齡化，不利勞力密集產業的發展；同時可能降低生產力，使經濟成長趨緩，不易提高消費及所得。

3. 老年人口增加可能加劇老年貧窮問題，M型社會與所得分配不均更為嚴重。

不過，人口結構改變也會帶來不少商機，這些趨勢對個人職涯規劃的啟示大致如下：

1. 強調「智取」的產業興起：未來臺灣已無充沛人力發展勞力密集產業，因此技術、知識密集產業，以及未來臺灣升級轉型所需要的創新、設計、研發及品牌與行銷等人才的需求將更殷切。

2. 銀髮產業茁壯：與銀髮族相關的醫療照護及樂活休閒等產業，發展將更為迅速。

3. 少兒商機發達：少子女化後，父母將更重視子女的教育、補習、訓練與理財規劃，因此，未來人才培訓、金融理財及保險等產業會更受到重視，父母將更捨得負擔子女的休閒與消費。另一方面，單身貴族商機也會跟著浮現。

4. 旅遊觀光機會多：人口結構改變加上所得停滯導致內需市場萎縮，海外觀光客及回流的臺商將是未來臺灣經濟發展的兩大驅動力。因此，和觀光相關的餐飲、旅遊、運輸、藝品，以及間接相關的休閒、音樂、景點等產業也有較大的發展潛力；其次，臺商回流所需的工程服務、工程師、研發、設計、品牌行銷通路等人才也有較大的機會。

5. 海外市場加持的服務業：中長期而言，臺灣有能力國際化的連鎖加盟服務業可以進軍大陸及東南亞的華人市場，因此，未來食衣住行育樂相關的研發創新、語言、品牌行銷、法律、會計服務的人才都有機會。此外，為了提供令人安心的食品與服務，檢驗、品管、法律糾紛處理、研發等領域也具有潛力。

6. 置產再等一下：根據經建會（現已改名國發會）的統計資料，臺灣的人口將在二〇一五年之後出現死亡交叉，屆時死亡人口超過出生人口，總人口數開始減少，人口紅利消失，房地產價格下滑很難避免。對照日本、美國、西班牙等各國經驗，一旦步入人口紅利消失的階段，國際資金就開始大撤退，使經濟陷入長期低迷；房地產價格走向衰退。以日本為例，日本人口紅利在一九九七年左右消失，房價則在一九九一年見到高點，自此呈下降趨勢。因此，只要臺灣少子女化與人口衰退的趨勢不變，加上美國提升利率也會促使臺灣提高利率，二〇一五年之後，房市很可能下跌二、三成，所以，保留存款，不用急，選擇最佳時機購買房地產才是良策。

歐美內傷重寫世界經濟版圖

二〇〇八年美國引爆全球金融風暴，二〇一〇年歐債危機接踵而來，造成全球失業率攀升、薪資停滯，影響之深遠均遠遠超過預期。尤其是美國為了救經濟，聯邦儲備銀行（The Federal Reserves，即類似臺灣的中央銀行）開始推動量化寬鬆貨幣政策(quantitative easing policy, QE)，藉由猛印鈔票讓企業有更多低利資金來投資，希望能振興經濟。

但這些釋出的資金（即所謂的熱錢）多數沒有留在美國，反而流至新興工業國家炒作股票、房地產及原物料，造成股市、房市及原物料的泡沫。不過，水能載舟，亦能覆舟，在美國經濟逐漸復甦後，這些熱錢也在美國寬鬆的貨幣政策，即所謂的逐步中止後回流美國，至泡沫崩跌，也造成新興工業國家的困境，改變了世界經濟的版圖。

美國印鈔救經濟

由二〇〇七年美國次級房貸危機所引發的全球金融海嘯，在二〇〇八年九月爆發，導致大量金融機構倒閉、資本市場擠兌與凍結，造成美國自一九二九年大蕭條以來最嚴重的經濟衰退。其中，美國股市在一年半內下挫超過五〇%；代表房屋價格變化的住宅房價指數自二〇〇六年第二季的頂峰至二〇一一年底下挫超過三四%，全美房地產價值縮水了七・四兆美元。

根據林維奇、吳淑妍研究員（二〇一二）的分析*，這場嚴重的金融危機的主因在於，房地產過度炒作以及相關衍生性金融商品形成泡沫，企業過度財務操作，以及銀行內部管控失靈。

*林維奇、吳淑妍（二〇一二），〈美國金融危機──成因與監管改革〉，《經濟前瞻》一四一期，頁五八～六二。

為了振興經濟，美國聯邦儲備銀行先後動用了四次貨幣寬鬆政策（QE1、QE2、QE3、QE4）*及扭轉操作（operation twist）◆，將更多的資金注入銀行，不僅成功避免銀行體系崩潰，更讓失業率由二〇〇八年的一

---

*量化寬鬆的目的是當官方利率為零時，央行繼續注資金到銀行體系，以維持利率在極低的水準。其操作方式主要是央行通過公開市場買入證券、債券等，使銀行在央行開設的結算戶口內的資金增加，為銀行體系注入新的流通性；央行甚至可能干預外匯市場，或者會向市場提供流動資金，並在銀行結算戶口上記入相關結算金額，以提高貨幣供應。簡單來說，QE就等於央行「印鈔」來購買政府及企業債券等資產，增加貨幣流通量，進而刺激銀行借貸，以達到重振經濟的作用。

◆扭轉操作起源於一九六一年，由諾貝爾經濟學獎得主James Tobin提出，用於刺激經濟的一項措施，主要是聯準會調整持有的公債投資組合，借著出售短期公債、買進長期公債的策略壓低長期利率。

二〇一一年美國聯準會主席柏南克在九月二十二日同樣提出類似聲明，決定在二〇一二年六月前增持四千億美元的長期債券，約占二〇一〇年美國GDP的三%，同時脫售持有的短期債券，用於刺激美國經濟，被市場解讀為是聯準會執行另一種模式的QE3。

○%以上，降至二○一四年初的六・七%左右。

當QE浪潮退去後

隨著美國失業減少、成長加速，美國也醞釀QE的退場，預計逐步縮減購買債券的規模，意味著美國經濟轉強及美元升值，因此，流至新興工業國家的熱錢也逐步回流美國，全球資金大挪移的情況下，也造成巴西、俄羅斯、印度、南非、土耳其等國的股市、匯市重挫。

QE逐步終止造成熱錢撤退，對礦產、原物料生產大國如巴西、澳洲等國產生衝擊；其次，美元轉強、資金回流美國，加速美國經濟的復甦；再者，美國開採頁岩油的成本只有傳統原油的一半，生產成本和其他國家拉近，加上3D列印、雲端運算等先進科技的執牛耳地位，美國再工業化（鼓勵製造業回流美國）的機會也大為提高。

QE退潮與未來

至於全球金融海嘯改變了全球經濟成長的版圖、產業的發展態勢，以及消費的態度，對未來就業及生涯規劃有何影響？

1.全球貧富差距擴大：在美國的QE政策下，各銀行將滿手熱錢拿去投資股市、債市，導致股市頻創新高，房地產也大幅反彈，有錢人藉由炒作股票、房地產及債券而大筆獲利；反之，金融風暴產生的失業及低薪，卻使一般民眾的所得減少，形成「貧者愈貧，富者愈富」的現象。二〇一二年美國所得最高前一〇%的人收入增加八四%，後九〇%的人僅增加不到一%，而美國目前每六戶家庭，就有一戶是每月所得低於五・五萬元新臺幣的貧窮家庭。雖然美國景氣復甦態勢明顯，但金融風暴後，每五個工作機會中也只有一個中高階工作機會，其餘都是低階、低薪的類別，以至於年輕人在金融風暴後成為最鬱卒的一代。

其次，美國金融風暴後，出事的高盛、美林、花旗、摩根史坦利、貝爾斯登這五大投資銀行，主事者全部置身事外，未受司法制裁，不少人甚至再回鍋美國財政部擔任高官。在未記取教訓下，未來美國可能風暴再起，加速景氣循環的時間，因此個人應努力工作，存好自己的第一桶金，等待危機入市，在房地產、股市低點進場，將可獲得豐厚的報酬。

2. 新興國家短期經濟復甦有陰影：隨著歐美經濟沉寂，全球經濟重新洗牌，比較各地經濟成長的活力，歐洲不如美國、日本，美、日不如東亞國家（如亞洲四小龍），東亞國家又不如緬甸以及越南、印尼、泰國、馬來西亞、菲律賓、汶萊、新加坡、柬埔寨等東協國家。

不過，隨著QE逐步退出，熱錢撤離將使新興工業國家的經濟發展受傷不輕。近期避開原物料、礦產、石油的生產大國，包括巴西、印度、印尼、土耳其、南非等脆弱五國(BIITS)才是持盈保泰之舉。

3. 綠色、醫療照護、ICT結合等明日之星：全球金融風暴後，各國調整產業政策，強調綠色、節能、新能源、醫療照護、ICT和其他行業的結合，以及優質平價。其中，綠色、節能、新能源主要在於因

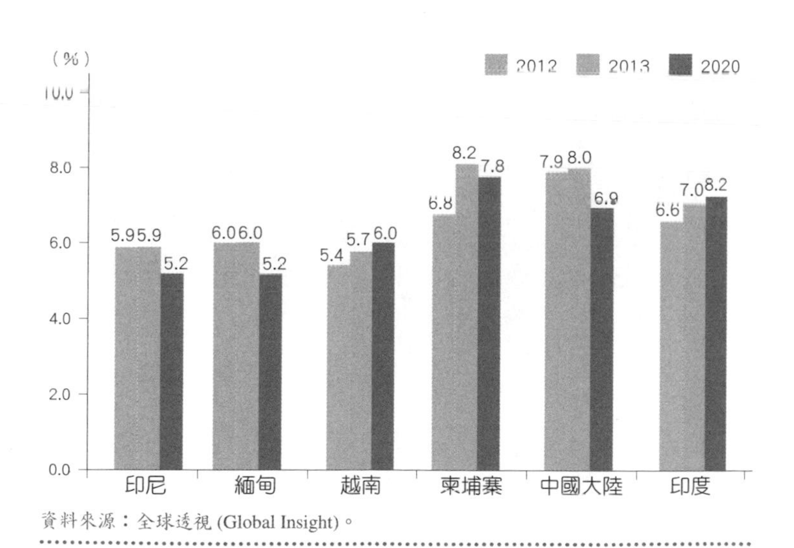

資料來源：全球透視 (Global Insight)。

亞洲高成長率國家未來經濟成長走勢圖

應低碳、能源稀缺的趨勢，而醫療照護則在於因應人口老化；ICT結合的遠距醫療、遠距教育和全球化、跨越國界有關，而平價優質則著眼於M型社會的形成。

4. 臺灣經濟更重內需：長期以來，臺灣是出口導向的經濟體，出口占GDP七成左右，隨著全球經濟趨緩，臺灣的內需更相形重要，而內需的發展和服務業息息相關。因此，未來和觀光相關的服務業，如零售、餐飲、醫療觀光、流通服務，以及未來有國際化潛力的連鎖加盟、文化創意等服務業都有機會。

臺灣的國民所得高於大陸、東南亞，服務業的發展也優於它們，加上大陸有十三億華人，東南亞有上千萬的華人與華僑（新加坡有三百萬左右的華人、馬來西亞有五百萬的華僑），市場可說是相當廣大。臺灣在大陸已有相當多的知名業者，在「食」的方面有85度C、鼎泰豐、王品牛排、克莉絲汀、統一、全家等；在「衣」的方面有麗嬰房、歐迪芬（女性內衣）、達芙妮等；在「住」的方面有信義、永慶等房屋仲介；在「行」的方面有捷安特、美利達、愛地亞、納智捷等；「育」則有多家幼兒教育、補習班、才藝訓練班；「樂」則有錢櫃、好樂迪等休閒娛樂。

由此可以看出，在臺灣觀光結合的內需服務業有機會，而搭上國際化潮流的服務業在大陸、東南亞也有機會。搭配此一趨勢，臺灣年輕人應設法強化語言能力、跨領域技能，以隨著服務業的海內外商機展翅高飛。

歐債的危機與商機

歐債危機於二〇一〇年爆發，由希臘揭開序幕，葡萄牙、愛爾蘭、義大利、與西班牙等國亦相繼蒙塵，後來更連東歐的匈牙利等都出現債務問題。不少歐元區國家負債占GDP比重都超過八〇％，且多數會員國的財政都有高額赤字。

不過，一度危急的歐債危機在歐盟高層的主導下轉危而安，首先，歐洲金融穩定基金(ESFS)介入，幫義大利、西班牙的潛在債務危機築起防火牆。尤其是ESFS提供二千億歐元，加上新設的歐洲穩定機制(ESM)的五千億歐元，共有七千億歐元可用來預防歐債危機擴大。其次，歐洲央行為歐洲各國銀行注入資金，紓解各國銀行破產、擠兌的風險。第三，歐洲央行對希臘進行更多紓困，降低了希臘退出歐元區的風險。雖然暫時去除歐債炸彈的引信，但歐洲景氣在未來五～十年仍可能不太樂觀，即使復甦也是微弱的回升，主要理由如下：

1. 不少歐洲國家的累積債務餘額達到GDP的八〇～九〇％，在債務壓力下，為了償還本金、利息，這些國家將缺乏足夠的資金投資經濟與科技的建設，除非進行結構性的改革，否則經濟成長、民眾消費都將受到壓抑。

2. 隨著不景氣的時間拉長，民眾失業率攀升，所得分配將進一步惡化，M型社會的情況愈發凸顯，最後波及消費、投資及整體經濟成長的動能。

3. 歐洲多國致力於縮減赤字，帶來失業、稅收減少、消費與投資下滑的困境。雖然若干國家已開始採行較為寬鬆的政策，但產業發展的前景依然不明，例如希臘除了觀光、農業外，缺乏主軸產業，自發性的成長不易；愛爾蘭在房地產泡沫崩盤後，電子資訊業在吸引外資上仍然困難；而英國的復甦仍寄望於房地產、金融等。

4. 歐洲國家的社會福利制度好，加上工會強、勞動法令僵化，企業資遣員工不易，晉用新人因而相對保守，不利於經濟的調整與復甦。

雖然歐債危機的引線已拔除，但歐洲經濟的復甦仍須相當時間，全球也將出現以下的經濟趨勢：

1. 平價優質產品的需求增加：隨著貧富差距擴大，中產階級逐漸消失，多數民眾購買更多具有一定品質、品牌的中低價位產品，故優質平價產品將成為主流趨勢。最近，筆者到歐洲出差，巴黎香榭大道上，H&M、Zara的平價服飾已大行其道，由此可嗅出部分端倪。事實上，瑞典的首富是H&M的老闆，西班牙及日本的首富則分別是Zara及Uniqlo的老闆，而這些公司都是專門生產優質而平價的成衣。
2. 創業需求提高：歐元區的失業率多數超過一〇%，年輕人的失業率更是多了二～三倍。當工作不好找時，創業需求提高，對臺灣連鎖加盟業的發展帶來絕佳的契機。二〇一二年筆者前往德國柏林，發現當地對臺灣的珍珠奶茶及相關加盟業有高度的興趣。
3. 購併的機會大增：不少歐洲品牌面臨經營困境，因此若臺灣廠商可以適當地購併，就可以增加臺灣產品的多元化，扮演吸引外籍觀光客來臺旅遊的領頭羊。

4.投資不可過度財務槓桿：全球經濟復甦並不穩健，加上各國債務危機的頻率在這一、二十年來似乎有增加的趨勢。因此，投資必須保守、穩健，不能孤注一擲，否則一旦再碰到金融危機，一生的心血、積蓄都將化為烏有。

綜合而言，臺灣的連鎖加盟業者在歐債危機下應有相當的商機，年輕人就業時可著眼於公司是否強調價格親民的優質產品，或有無結合外國的品牌來提高知名度，以辨別公司前景的優劣。另一方面，歐洲國家復甦的速度不盡相同，其中以德國、荷蘭、北歐諸國表現較佳，中南歐的法國、西班牙、葡萄牙、希臘的表現則較差。例如，西班牙的失業率仍維持在二〇%左右，年輕人的失業率則達到四〇～五〇%，令人憂心。

因此，欲前往上述國家攻讀學位，甚至畢業後打算留在當地的年輕人，也須考慮前往國家經濟的前景、失業率的高低，未來有無工作或進一步發展的機會，不要趁興而去、敗興而歸。

乘風邁向未來

我們重新歸納一下臺灣年輕人的處境：外在環境方面，除了前述歐美內傷所造成的影響之外，近年氣候變遷影響重大，未來糧食價格攀升將成為常態；此外，數位匯流、綠色科技、節能減碳、嶄新媒體通路（臉書、社群網路等）也已成為顯學，對個人創業、找工作影響甚鉅。

在內在環境上，過度集中ICT的代工模式面臨考驗，人才供需嚴

全球化成長
動能轉變

氣候變遷
左右經濟

人口變遷
趨勢形成

中國大陸
情勢研判

知識經濟
引領潮流

美國與歐洲
情勢研判

外在環境的變化趨勢

重失衡，有必要恢復職業教育。同時進入網路世代，個人自主意識抬頭，小眾、分眾市場也逐漸成為潮流；在中期上，高齡化、少子女化、貧富差距擴大等問題比經濟成長更顯迫切，也衍生了不少不婚、不生、不立業的情形；在長期上，氣候變遷、財政收支失衡，包括勞保、農保、全民健保的虧損也愈來愈不容輕忽。

綜合上述，未來的經濟發展及消費趨勢可以歸納如下：

內在課題	
短期	●成長動能傾斜：製造業投資、出口過度集中ICT產業，服務生產立未能提升，國內代工生產模式、低附加價值等問題待解決，亟需要新的成長模式。 ●人力供需失衡：人才短缺問題嚴重，職業教育必須加以重視。 ●投資環境仍待加強：「政府治理」與「通商便利性」等競爭力指標仍在落後。 ●人民共識不足，意見分歧。
中期	●高齡少子化威脅：衍生勞動力不足、扶養負擔加重、長期照護與老人安養等問題。 ●區域貧富差距大：城鄉發展不均衡，經濟、教育機會存在相當差異；五等分為所得倍數由20075.98增加為2008年6.05、2009年6.45，所得分配待改善。
長期	●氣候變遷家具與極端氣候頻仍。 ●財政收支失衡不容輕忽：政府累積債務已接近法定上限，若包括隱藏性及其他債務，已接近一年GDP。

內在環境變化的趨勢

1. 平價優質產品蔚為潮流：如同前述，隨著全球經濟M型化更為明顯、各國中低收入族群增加，具有品牌、價格又不高的「平價優質」產品也愈來愈受到民眾青睞。因此，年輕人創業可朝此方向規劃。
2. 分眾市場抬頭：隨著教育普及與自主意識的抬頭，市場區隔也愈切愈細，例如，根據年齡區分成銀髮族、中壯族群、年輕族群等市場，或是根據性別（如摩斯漢堡的主要族群為年輕的都會女性）、虛實（虛擬平臺、網路應用、結合實體通路等）等做區隔，進一步開啟了小眾、分眾市場的商機。
3. 個人消費商機：由於女性工作機會增加，加上不婚不生的人口增加，單身慢慢變為主流，適婚年齡也不斷延後，御宅族、單身的興起也改變了商業的經營模式，例如，家庭餐廳逐漸被便利商店所取代、大坪數住宅則讓位給套房及小坪數住宅。
4. 新的行銷通路興起：宅配、電視與網路購物愈來愈普遍，透過部落格、Facebook、噗浪、推特、App 等社群網路來行銷產品、打開通路也成為主流，數位商機大幅顯現。

5. 文創產品有商機：隨著經濟發展，心靈、文化產業的需求應運而生，結合文創、說故事能力的包裝手法大行其道，如鼎泰豐的十八摺小籠包、85度C的85°C咖啡最好喝、COACH 的「平價奢華」等，都是利用文創、文化的加值來感動消費者，引起共鳴，藉以提升產品、服務的價值。

6. 體驗經濟興起：過去屬於知識經濟時代，必須花很多時間閱讀，但現在則是進入「體驗」經濟時代，消費者藉由接觸實體獲致體驗、感動，進而消費，最後甚至成為該行業的從業人員。

7. 由低成本走向美學與設計：過去偏重勞力密集的時代，東西便宜就好賣，未來則必須結合「美力」（美學、設計）來包裝產品，提高產品的附加價值，讓客人在心動之餘樂意花錢消費。

最後，我們提出三個結合文化、綠色或運用新通路來提升公司業績的案例，一方面可以帶給有意自行創業的讀者參考，另一方面，也可以讓人檢視自己所就業的公司是否具有創新、國際化的能耐，進而確認自己是否要在目前的公司長期耕耘。

綠色創新的Codomo Energy（コドモエナジー株式会社）

以前的安全誘導標誌必須使用電力，不僅耗費能源，萬一災害發生破壞其供電裝置，標誌也就失去作用。為了因應此一變化，Codomo Energy運用有田窯燒中傳統塗抹釉藥的技術，開發出「高亮度蓄光式誘導標誌」，將蓄光顏料厚燒於瓷，平日能儲存太陽或電燈的光，一到晚上或停電時便可自行發光，不僅節能省電，遇到緊急狀況時也能夠長時間發出強光，引導人們安全避難。

Codomo Energy 的這項技術已取得樓層指示牌的使用安全認證，由於亮度夠又耐久，因此安裝場所幾乎沒有限制，便於打造安全的環境。Codomo Energy 的例子凸顯出環保、節能為當今的普世價值，產品設計如能結合相關概念，再加入若干文化元素，就有不錯的成功機會；因此尋求就業時，若能任職於這類公司，發展的前景也較大。

善用社群網站的荷蘭皇家航空

荷蘭皇家航空(KLM)建立了完善的電子訂票系統，讓客戶無論何時何地都能便捷地訂購機票，使得網路機票銷售額持續升高。其次，荷蘭皇家航空也利用創新的社群行銷模式，讓使用者可在其 Facebook 粉絲專頁設計專屬的行李吊牌，並免費寄送至世界各地，使得粉絲迅速增加，提升企業的曝光度。

此外，荷蘭皇家航空也架設部落格，為旅客解決旅行的疑難雜症，並邀請以旅遊文章知名的自由部落客撰文，使企業形象與旅行的連結更加強烈。最後，相較於訊息流動速度快的社群網站，荷蘭皇家航空也經營傳統的官方網站，提供常態資訊以及較高技術門檻的票務訂購程式給顧客使用，以加強企業內部管理的強度。

荷蘭皇家航空的經驗顯示，年輕人創業時可透過社群網站、部落格和消費者雙向溝通，並加強客戶導向的規則，以提高成功機率。如任職於公司，利用社群網路、App工具，提出創新、需求導向的點子，也容易受到老闆的賞識。

全方位創新的捷安特自行車

捷安特自行車（Giant）採取結合科技、生活智慧及網絡的全方位創新模式，作法大致如下：

1. 和供應鏈廠商組成A-Team，導入汽車生產製程管理，大幅提升產品品質及生產效率。

2.倡導融入環保、健康的生活型態，多次舉辦環島自行車運動，建立擁護新生活型態的形象。

3.記錄消費者欣賞新型自行車的情形，再導入雲端科技進行分析，藉此掌握消費者特性，進而鎖定主力客群，規劃行銷策略。

4.結合腳踏車租借、維修，提供包括路線安排、在地美食情報的免費旅遊諮詢，並不定期舉辦「單車

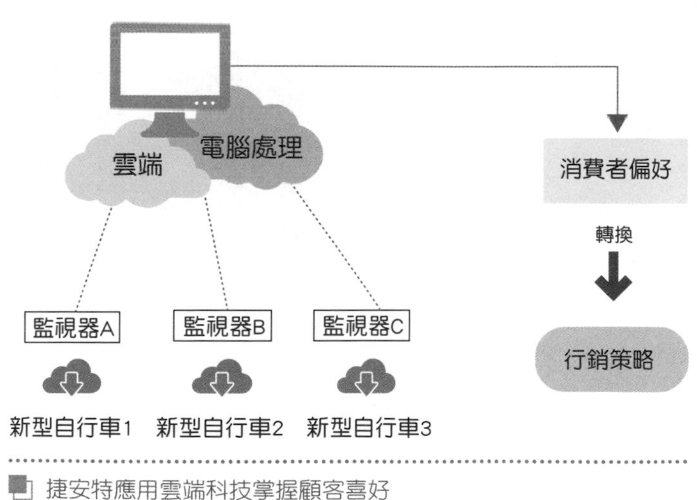

捷安特應用雲端科技掌握顧客喜好

趴趴GO」，提供車友網絡，發起共同出遊。

隨著生活體驗、樂活與休閒經濟逐步成為潮流，在構思時加入環保、樂活等因素，不管在創業、求職上，年輕人都能凸顯自己的創新特色及差異性，進而提升附加價值，邁向高薪的坦途。

上述三個例子告訴我們，跨領域結合、運用嶄新科技，結合新的社會、生活趨勢（環保、綠色、人口老化、少子女化等）將是年輕人創業、立業的重要指南。

第五章

哪裡有優質就業機會？

鄰近國家如何為年輕人爭取高薪？

近年朝野上下對臺灣是否已在亞洲四小龍中，遠落於韓國、新加坡及香港之後出現激烈的探討。臺灣薪資水準何以落至四小龍之末？其他國家做了什麼「對」的政策，臺灣又忽略了什麼元素，以致拉開差距？

在自由競爭的市場中，勞

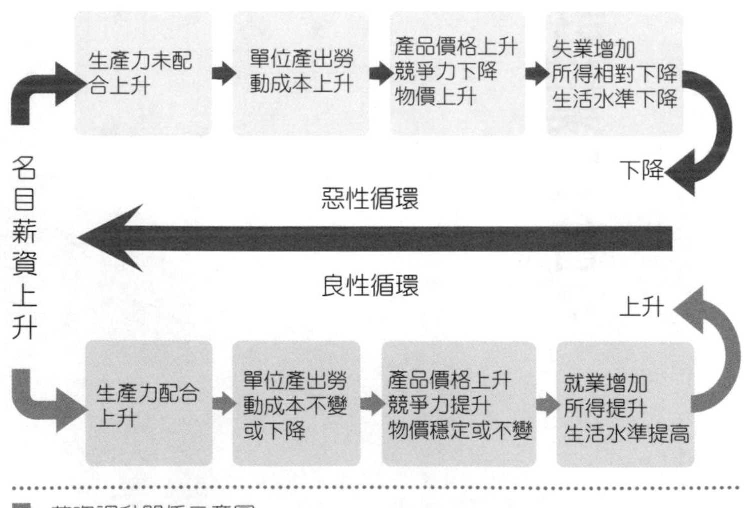

薪資調升關係示意圖

動報酬的高低大致反映勞動供需的結果。提高勞動報酬是勞工所期望的，但欲增加勞動報酬應先設法提高勞動生產力，進而提高競爭力及產品售價，最後才足以增加就業，帶動薪資水準上升；相反地，若是藉由人為不當的干預，將陷入惡性循環，長期而言對勞工反而不利。我們嘗試觀察港、星、韓、日如何為她們的國民創造就業及加薪的機會。

打造優良商業環境的香港

香港雖然地狹人稠、科技製造業實力不足，但仍有其優勢，包括國際化經驗豐富、法治及基礎建設佳，資訊和資金流通自由等。其次，香港擁有獨特的地理區位，為亞洲的金融中心及轉口貿易的樞紐；再加上香港政府定位於「市場主導、政府促成」，實施「小政府、大市場」的原則，維持世界級標準的監管機構，提供有利商業發展的架構、創造公平的競爭環境，因而吸引許多國際廠商進駐，並設立進軍中國大陸的據點。近年來，香港更積極推動人民幣離岸中心，掌握各國和中國大陸貿易的債券發行、融資及匯兌的利益，也創造了不少附加價值和就業機會。

不過，隨著兩岸經貿正常化，逐步削弱了香港的中介動能。尤其是二○○三年爆發了SARS，香港經濟一度跌落至谷底，但和中國大陸簽署《更緊密經貿關係的安排》(Closer Economic Partnership Arrangement, CEPA)後，到香港觀光的陸客迅速增加，其中「自由行」(大陸通稱為「個人遊」)讓內地居民(特別是華南地區居民)更常赴港旅遊，為香港四大主要產業之一的訪港旅遊業帶來重大的直接效益，而且更大大加強香港與內地的經濟聯繫，為兩地帶來裨益。從二○○四~二○○八年，赴港陸客累積高達四千多萬人次，消費金額約五百八十億人民幣，帶動了香港零售、批發、餐飲、酒店、購物等產業的成長。

總體而言，香港利用其公平、有效率、尊重法規的環境塑造了亞洲金融中心的地位，並持續開放爭取人民幣離岸中心、轉口貿易強化，以及「自由行」的觀光效益，因而能在金融、法律、商業及服務業上創造不少高階就業機會，撐起香港的高薪資水準。

大步邁向國際化的新加坡

新加坡是城市國家，和香港一樣，也有地狹人稠的劣勢，尤其國內人口少，嶄新產業的發展也受到限制。一九九八～二〇〇一年，新加坡的經濟因受亞洲金融風暴及其他因素的影響，連續四年呈現負成長，而失業率也居高不下，一直到二〇〇四年才隨著世界景氣回升而恢復八・八％的正成長；然而，新加坡失業率直到二〇〇五年都還維持在四％以上。

不過，新加坡具有語言能力強、國際化程度高的優勢，又位居東協國家轉運樞紐，加上政府清廉、效率高，對吸引外資、人才有正面加分效果。近年新加坡為了發展製造業，積極透過移民政策及高薪待遇，挖角各國人才到新加坡參與研究、教學、工作，在人才源源不絕下，帶動石化、生技、醫藥等產業的發展。其次，新加坡推動多年有成的國際醫療事業，也創造了數十億美元的營收，為觀光產業提升了附加價值，並舒緩了健保財源困難的窘境。

更值得一提的是，新加坡完成了「不可能的任務」，利用十年進行長期規劃及對民眾宣導，成功發展博奕觀光產業。新加坡成立了兩個綜合娛樂中心，分別是「濱海灣金沙綜合娛樂城」(Marina Bay Sands)，以及「聖淘沙名勝世界」(Resorts World Sentosa)，不僅供人博奕，還能提供全家娛樂購物和休閒度假，因而帶動環球影城、宴會廳、美食街、購物區與飯店等休閒產業的發展。

在觀光收入加持下，新加坡二〇一〇年的經濟成長率也由前一年的倒退一．三％，轉為大幅成長一四．七％，增幅居亞洲之首。新加坡成功的秘訣在於，吸引國外高階人才補充人力，進而發展生技、石化、國際醫療等高值化產業，同時縝密規劃博奕事業來帶動觀光效益。

政府加持財團的韓國

近一、二十年來臺灣和韓國的恩怨情仇，剪不斷理還亂。一九九〇年之前，臺灣的整體表現優於韓國，但一九九〇年之後，韓國逐漸崛起，雖然在一九九七年的亞洲金融風暴中跌了個大跤，但民氣可用下，政府勵精圖治，成功在三年內還清國際貨幣基金（IMF）的五百億美元借款，並躋身「二〇—五〇俱樂部」，成為全球第七個平均國民所得超過二萬美元、總人口超過五千萬的國家，使臺灣對此昔日的競爭對手又氣又羨。

歸納來看，韓國能有傲人經濟表現的主要原因如下：

1. 韓國政府大力扶植的大財團，較有能力從事品牌經營、行銷及研發投資。
2. 韓國的產品設計能掌握消費者需求。
3. 在韓流席捲亞洲的包裝下，相對容易凸顯韓國的產品形象。

4. 韓國使國內法規、投資和國際接軌，並和他國簽署自由貿易協定(FTA)，享有進入他國市場的優勢。

首先，韓國財團的規模龐大，以十大財團之首的三星集團來看，二〇一一年國內外銷售達到二七〇・八兆韓元，超過韓國GDP的五分之一；而韓國全國的產值有四分之三是來自十大財團，它們的分量由此可見一斑。再加上政府以融資、政策支持，這些財團敢於危機入市、投入高額研發費用，使得三星集團的手機、DRAM (flash)、液晶電視、面板，LG的電冰箱、微波爐以及現代集團的汽車，都在世界大放異彩。

其次，日本富士通總研經濟研究所的主席研究員金堅敏（二〇一二）針對上海、北京、印度孟買、德里的消費者進行調查，結果顯示，日本產品強調性質/價格比，也稱作「C/P值」(capability/price)，意指每一分錢所買到的產品性能之比值。認為性能、品質最重要；反之，韓國產品更講求可愛、活力等親近消費者的特點，在這些方面的表現已追近甚或超越日本產品，這也是韓國在新興國家市場中攻城掠地、逐漸取代日本產品的重要原因之一。

進一步來看，前述的三星、LG 等財團願意派遣一～二百位研究員到印度、大陸吃喝玩樂一年，以瞭解當地人如何吃、穿、休閒、開車、使用電器用品等，進而開發出符合當地需求的產品。這種重視需求導向、客製化設計的作法，讓韓國

上海・北京	日本產品	歐洲產品	美國產品	韓國產品	中國大陸產品
高品質	55.4	29.8	27.1	28.3	34.8
可　愛	35.1	32.1	35.2	42.0	22.0
有活力	34.1	35.8	37.1	38.1	48.1
高性質比	13.3	12.3	12.7	24.3	44.4

孟買・德里	日本產品	歐洲產品	美國產品	韓國產品	中國大陸產品
高品質	61.7	43.0	34.9	36.3	44.6
可　愛	31.5	31.1	47.1	37.7	40.5
有活力	45.7	35.7	43.2	38.0	41.9
高性質比	30.4	35.5	31.3	32.1	41.2

資料來源：金堅敏 (2012)，〈韓國企業的競爭力及對日台策略聯盟的影響〉，日本富士通總研經濟研究所。

“Made in Korea” vs. “Made in Japan”

產品得以迅速崛起。

第三，前韓國總統金大中上臺後推動文化創意產業，使韓流席捲亞洲乃至全球，金秀賢、Super Junior、少女時代、Rain、PSY大叔、裴勇俊等明星經常占據臺灣影劇新聞的版面，韓劇更是眾多臺灣人的最愛。當這些明星走紅之後，又回過頭來代言韓國的家電、手機、PC、汽車等，為這些產品加值、拓展出口。據估計，裴勇俊所創造的經濟效益高達上千億新臺幣，少女時代、Super Junior等的周邊效益更是龐大；反之，過去因《流星花園》偶像劇而風靡亞洲的F4，估計創造的產值只有四～五億新臺幣，兩者的差距不小。此外，周杰倫、蔡依林、S.H.E.等雖然在大陸、東南亞具有一定的影響力，但仍和韓流有相當的差距。

最後，韓國近幾年承受開放市場的壓力，促使企業透明化、基礎建設國際化、國內法規政策和國際接軌，成功和多國簽署了FTA，為其出口去除不少關稅與貿易障礙，同時吸引大量外資，並打開新興國家市場，使其國家競爭力大幅提升。

不過，在上述榮景背後也潛藏著問題。由於韓國以少數大企業為主力，其餘中小企業的薪水頗低，因此年輕人必須努力奮鬥進入大企業；到了大企業之後，每一階層的待遇、周邊配備（如餐廳、住宅、座車等）等又都顯著不同，故必須再拚命往上爬才能改善自己的生活水準。社會競爭激烈加上韓國和日本一樣是個群體社會，同儕、集體的壓力大，因此自殺率也高居亞洲第一。

策略性發展產業的日本

日本在製造業、服務潮流市場長期執牛耳地位，享有市場廣大、所得水準高、創造能力強等優勢。不過，一九九〇年初，日本的房地產與金融泡沫崩解，自此陷入失落的二十年，不僅經濟長期低迷，內閣也頻頻更迭，除前首相小泉純一郎之外，所有首相在位都不到一年，政權不穩使得政策很難施展，拖累了復甦的腳步，年輕人的薪水亦陷入困境。

為了突圍開創新局面，安倍晉三第二度當選日本首相後，立刻宣布射出三支箭，包括推動日圓大幅貶值帶動出口成長、擴大財政支出帶動投資與消費成長，以及協商加入《泛太平洋夥伴關係協議》(Trans-Pacific Partnership, TPP)，加速產業結構轉型。

日本的文化實力深厚，但產業化的能力較差，因此日本政府近年開始大力支持電玩、動漫、裝扮 (cosplay) 等次文化，並仿照韓流，使之和產業結合，帶動汽車、電器、觀光等周邊產業發展。又如，日本針對京都、奈良等具文化歷史的都會，結合地方特色，積極導入美學、設計、文化元素，為傳統產業再生注入活力，也有不錯的成效。此外，日本還推動「酷日本」(Cool Japan) 計畫，由政府和民間一同篩選潛力產業，再予以投資、鼓勵對外輸出。

另一方面，日本人近年來更積極利用亞洲人喜歡日本的餐飲、服飾的優點，有計畫地輸出服務業到亞洲各地，提供日系企業在海外通路拓展的相關諮詢顧問服務，增加日本服務品質及品牌能見度，此作法在越南、大陸已有相當斬獲。

雖然長期而言，上述種種政策能獲致多大成功還沒有定論，但大刀闊斧的步調已提振了日本人沉寂已久的士氣及自信心，也使當地年輕人爭取高薪的前景露出了曙光。

眺望優質就業方向及領域

回頭來看，臺灣前景看好的優質工作機會在哪裡呢？瞭解這點對個人的前程影響重大，不然選錯行業，即使是同期畢業的大學同學，二十年後薪水差距可能高達二・五～五倍。接下來我們就來介紹臺灣潛在的優質行業。

當前優質行業

根據二〇一二年的資料觀察，「電力及燃氣供應業」（具壟斷性）、「資訊及通訊傳播業」、「金融及保險業」、「專業、科學及技術服務業」和「醫療保健服務業」屬於臺灣的高薪行業，而相較於其他國家，臺灣的專業、科學及技術服務業和醫療保健服務業仍有很大的成長空間。其中，醫療保健服務業由於全民健保財務虧損，政府壓抑健保支出，因此發展面臨一些阻力，但隨著政府積極推動國際醫療，未來仍有不小潛力。

此外，政府近年最重要的產業政策包括自由經濟示範區、《ECFA服貿協議》等。其中，自由經濟示範區的五大示範性產業包括：農業加值、國際健康、智慧物流、教育創新及金融服務；在《ECFA服貿協議》中，有利臺灣的服務業包括金融證券保險、電子商務（第三方支付）、連鎖加盟服務，以及音樂、電影等文創產業，這些行業在政策引導下，較具前瞻性及發展性。

中小型服務業的明日之星

根據工研院產經中心二〇一二年的分析，未來需要大量人力、附加價值又高的中小型服務業，具有以下幾個特質：

1. 服務對象不限於國內市場的消費者，有能力吸引外來消費族群或企業，例如商業服務、物流服務等。
2. 除了本身附加價值高以外，還能帶動其他產業往高值化發展，例如設計服務、動畫後製等。
3. 能善用臺灣既有在地資源或資通訊優勢，且個人或工作室即可經營，例如地方特色產業。
4. 讓知識經驗豐沛的中高齡退休人士能展現社會價值，例如社會事業、顧問服務、地方產業經理人等。

一暝大一寸的行業

我們試著比較幾個二〇一三年相對於二〇一二年，GDP及就業成長率較高的行業。其中，GDP成長最快速的五個行業分別為支援服務業（四・一三％）、藝術、娛樂及休閒服務業（三・八一％）、不動產業（三・〇九％）、專業、科學及技術服務業（三・〇四％）與運輸及倉儲業（二・七九％）。

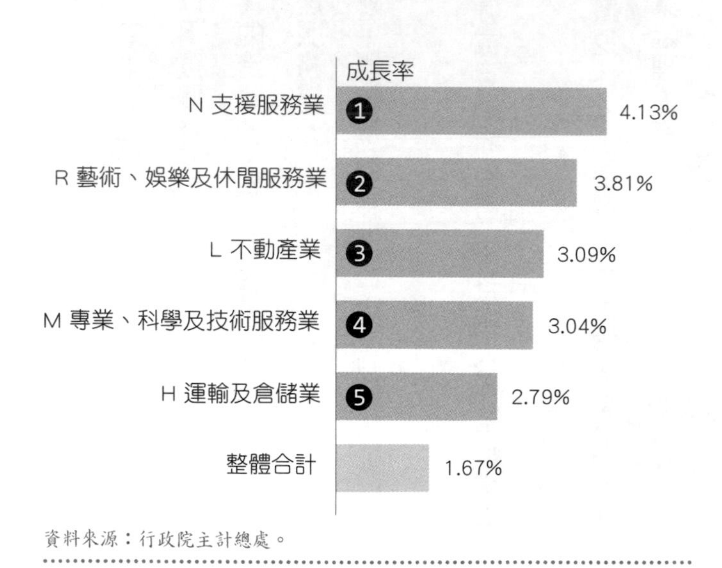

資料來源：行政院主計總處。

國內各業生產毛額增加率

在就業人數的成長率上，比重增加較多的包括住宿及餐飲業（三・三三%）、運輸及倉儲業（二・六六%）、資訊及通訊傳播業（二・六三%）、用水供應汙染整治業（二・四四%）、不動產業（二・二二%）。

除此之外，筆者認為還有幾個未來可創造不少工作機會的產業，包括醫療照護產業、文化創意產業、觀光旅遊業、生物科技產業、精緻農業及數位內容產業。

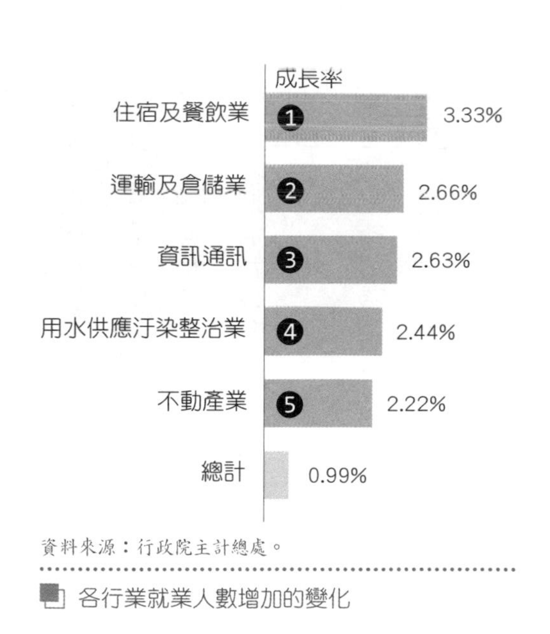

資料來源：行政院主計總處。

各行業就業人數增加的變化

醫療照護產業

臺灣醫療服務產業已經具有相當規模，根據行政院衛福部二〇一四年的研究推估，統計資料顯示自二〇一一年開放觀光醫療簽證後，接受臺灣國際醫療服務的旅客大增，於二〇一五年，國際醫療產值至少可達二一一億元。若再考量人口老化及社會進步將大幅增加對醫療品質的需求，醫療照護的發展可說是深具潛力。

至於醫療照護會創造哪些就業機會？根據李誠教授（二〇一〇）的調查分析，除了醫師、藥劑人員、專業護理人員及健康部門企劃人員更為熱門之外，也會帶動跨IT產業人員、國際行銷人員、醫療管理技術人員及國際與兩岸法規人員的需求。此外，醫護、放射師、職能治療師、臨床心理師等也有一定程度的需求。

文化創意產業

文化創意產業屬於新興領域，在英國、韓國蓬勃發展，因而愈來愈引起重視，尤其在ECFA簽署、兩岸觀光大幅開放後，文化創意產業在我國有相當大的發展潛力。根據李誠教授（二〇一〇）的調查顯示，文化創意產業中的藝術總監／經理、產品開發與設計、多媒體藝術家／動畫家、工商業設計師可能有較嚴重的人力短缺，因此薪資上漲的機率較高。

觀光旅遊業

隨著兩岸關係和緩，陸客來臺觀光人數大幅增加，全球來臺旅客已超過五百萬人次；根據觀光局的估計，來臺觀光客可望在二〇一六年達到千萬人次的新高。隨著自由行人數增加，零售、餐飲、物流、藝品、文創產品與服務、觀光景點等的需求可能也隨之增加，將能帶動相關產業創造就業機會。

根據歐美及新加坡的經驗，未來觀光旅遊的關鍵人才需求以飲食服務經理、住宿、餐飲廚師、導遊、行銷經理、產品規劃人員及海外推廣、旅行業務經理人為主。另根據李誠教授（二〇一〇）的調查顯示，高級餐飲廚師、住宿經理的人力最為短缺，而未來三～五年觀光業的人力需求將以行銷專業、專業導遊及行政管理人才為主。

生物科技產業

生物科技在臺灣的發展時間已久，但在規模及資金的限制下沒有太大的突破。不過，政府近年來把它列為六大新興產業，並規劃《生技科技鑽石起飛方案》，透過生技創投基金、整合育成中心、法規鬆綁及增加資金投入來加以栽培，未來應有一番新的局面。生物科技產業最缺的是跨領域人才，尤其是結合醫院、生技學術界的人力；其次，具備創新思維、能創造附加價值的人才需求也較高。

精緻農業

近年精緻農業的需求與日俱增，尤其健康農業（有機農業、安全蔬果、農產品產銷履歷）、卓越農業（蘭花、觀賞魚、石斑魚、植物種苗等），以及樂活農業（農業休閒、森林生態旅遊、農業精品等）都具備發展潛力。根據李誠教授（二〇一〇）的調查，精緻農業亟需的人力包括生物科技相關研發人員、產品開發與設計人員、農業相關技師、食品檢測與消費安全科技人才、行銷業務人才、行政管理人才等。

跨領域人才需求

以下我們根據張順教教授（二〇一〇）的研究，分別說明機械、物流、餐飲、金融、國際醫療、長期照護需要哪些跨領域人才。

在機械產業方面，工具機是臺灣的強項，我國生產的工具機約七九%都是用於外銷，國際化色彩濃厚。根據經濟部二〇一二~二〇一四年的專業人才供需調查，工具機產業所需的專業眾多，包括行政管理及業務、研發與製造等。其中，機械工程師所需要的專業技能以電腦輔助設計、加工技術與機械元件設計為主；電控及機電整合應用工程師則以程式設計PLC程式操作、自動控制理論、電路設計為主。

除了工具機以外，機械零組件產業也有機械工程師與組立工程師的工作機會。其中機械工程師主要得具備電腦輔助設計、加工技術與機械元件設計的能力；電控工程師需要的專業則以自動控制理論、電路設計與程式設計為主，而機電整合應用工程師則是自動控制理論、電路設計、人機介面設計、機械工作法、氣壓控制和最佳化機械設計。此外，品管工程師需要掌握統計品管、檢驗量規應用與可靠度分析的能力，組立工程師則須精通精密元件組裝技術、機械工作法與機械材料。

在物流方面，物流包括陸上運輸、水上運輸、航空運輸、運輸輔助、倉儲、郵政及快遞等次產業。根據經濟部商業司二〇一一年的人才供需調查，二〇一二年雖然呈現供不應求，但二〇一四年將趨於均衡。順應臺灣物流產業快速國際化、電子商務化和資訊化的趨勢，將會需要能作跨產業平臺整合和跨技術與管理的高階管理人才。

在餐飲業方面，依經濟部商業司調查的六百七十七家業者中，六四．九％表示餐飲國際化人才明顯不足，顯示年輕人若有意投身餐飲業，國際化能力將是自我充實的重點項目。

在金融業方面，我國多年來都呈現人力供過於求的現象，但若進一步來看，依照行政院金管會的分析，金融業仍相當需要同時擁有金融專業知識、國際語言及高階管理能力的整合型人力。此外，政府在自由經濟示範區中大力推動財產管理中心及人民幣離岸中心，對兩岸法律、金融、管理等領域嫻熟且有經驗的高階人才可望面臨大量需求。

在國際醫療方面，由於受到國內醫療法規的限制，我國的國際醫療服務仍停留在以各大型醫院為主體的虛擬專區型態，以致到二〇一四年為止對人力仍供過於求。不過，兼具管理、行銷、外語能力和醫療服務或護理技術的整合性人才仍然不足。此外，國際健康產業已列為自由經濟示範區的五大示範產業之一，也鬆綁相關人才的流通，並減免薪資所得課稅、提供土地使用優惠，因此從事相關工作應有較佳的發展機會。

最後，在長期照護方面，政府規劃未來必須由小區域或地方性的型態，逐漸轉成大型的服務網路，因此跨醫療、資通訊技術、平臺管理等的整合性人才未來應會炙手可熱。

再參考國發會於二〇一三年委託台灣經濟研究院所做的「產業人力供需評估」研究，推估二〇二〇年各產業就業人數之變化，其中成長前五名產業分別為：「住宿及餐飲業」（二・八九%）、「金屬製品製造業」（二・七七%）、「資訊電子製造業」（二・四三%）、「其他服務業（具備服務特質之行業）」（二・三三%）、「電力機械設備製造業」（二・一四%），平均成長人數達二%，便可觀察此五項產業未來發展，以把握新增就業機會。

給自己一雙悠遊職場的羽翼

現代的就業環境看起來似乎很艱困，使人常得忍辱負重、苦苦追著工作跑；不過，如果能增加自己受僱的價值，讓自己變得「不可或缺」(indispensable)而非「容易取代」(disposable)，則優質工作自然會來追求自己，讓日子變得快活不少。以下將介紹幾點強化自身競爭力的觀念：

1. 正向思考：為何老闆這麼挑剔？為何事事都找我做？相信不少職場新鮮人都有上述不滿。但反過來看，如果老闆不批評也不找你做事，可能就意味著你在公司無足輕重，隨時可被取代。既然橫豎要做，乾脆正向思考，把麻煩當成絕佳的歷練機會。就筆者的經驗而言，過去也曾對頂頭上司要求提供資料、撰寫講稿抱怨頻頻，但幾年下來，不僅造就了快筆的功力，也獲得更多接觸上司與接受提拔的機會。因此轉念一想，「老闆常找」可能其實正是美事一樁。

2. 解決問題：把自己當作問題解決者，而不是被動等待指令的「人力」。當老闆交辦任務時，代表老闆需要你協助處理問題，此時不該只想著如何盡速交差了事，而必須思考如何把事情處理得當，若心有餘力，更可思索「如果我是老闆」又會希望員工怎麼幫我處理。否則慣於一個口令、一個動作，最終一定會淪為容易遭到取代的「人力」。

3. 適應能力：能拋開舊包袱、學習新知識，從挫折中快速恢復。當前工作壓力、競爭也愈來愈大，因此對未來的求職者來說，更重要的功課是培養高 EQ 及耐力，否則工作很容易半途而廢，無法累積經驗及資歷。將突發狀況當作學習契機，第一次不會沒關係，當作學經驗；第二次沒做好也無妨，當作試金石；持續努力直到成功，就會成為自己的經驗與工作價值。此外，也應培養工作之外的興趣幫助抒壓，並建立人際網絡，尤其是多聽聽朋友的意見、過來人的智慧，才能遇事鎮定，練就逢山開路、遇水架橋的功夫。

4. 紀律與創新：以三、四、五年級的「前輩」來看，年輕人普遍紀律較為不足，但年輕人應徵工作或升遷時，考核者又多數是這些前輩，因此表現出紀律較易獲得青睞。除此之外，善用年輕人擅長的電子資訊工具、社群網路、App等來發揮創意，不管在創業或就業上都有較佳的勝出機會。

5. 提升移動力(mobility)：移動力代表工作時與公司議價的籌碼，而移動力的高低取決於專業的嫻熟、跨領域的技能、對大環境的瞭解，以及好的EQ。因此，在公司待滿一段時間，學好專業技能，並透過工作及人才訓練的機會，培養跨領域知識與能力，才能累積轉業、換公司的移動力，提高在原公司加薪的議價籌碼。如欲培養國際移動力，則語言能力、國際人際網絡也不容忽視。

別人怎麼做？

勉人成為公司不可或缺的員工，講來容易，但做來困難，尤其筆者單從自身角度出發，難免多少有些主觀，因此特別請研究助理戴宏名邀請青年朋友進行訪談，並搭配小註解，以提供不同的經驗與觀點，讓年輕人更能掌握求職的全貌。以下逐一介紹：

化工系畢業的 Angela

Angela 成長於低收入戶的單親家庭，可是她相當樂觀開朗，遇到問題總能調適心情，然後微笑地持續努力。雖然升大學時曾經失利，但後來靠著努力不懈的自我要求成功進入國立大學，接著又推甄上臺大的研究所。畢業之後，很快應徵上台積電的工作，薪水從四萬元左右起跳。

Angela從未抱怨自己的家庭背景，她知道先天的環境無從選擇，認為這是上蒼給她最好的磨練與激勵，她常說：「我希望未來能給家人好的生活。」正是在這樣的環境中，讓她從小學便學會打理家中雜務、上市場採買、燒菜給奶奶吃，也造就她堅強的意志、樂觀進取的心態，以及良好的人際關係，成功在投身職場時擺脫22K的夢魘。

啟示

善用正向思考來面對逆境，幫助自己從中發現成長的機會與動力，再發揮耐力朝著既定目標前進，一旦有所超越，便是另一番視野與境界。

中文系畢業的 Belle

一般大眾常認為中文系在就業方面較不吃香，因此 Belle 常被人問：「讀中文系以後要幹嘛？」對此，Belle 自有一番想法。她畢業之際適逢金融海嘯，找工作不容易，因此她很明快地接受出版社編輯二萬四千元的薪水，並把握機會盡量學習、累積經驗。一段時間後，她順利轉換跑道至媒體業擔任執行製作，薪水提升為二萬八千元。

Belle 明白，自己在媒體業的專業知識不如大眾傳播系、新聞系、廣播電視相關科系的學生，但是她對文字的駕馭更敏銳，況且新鮮人初入職場從事媒體工作時，許多東西都需要從頭學習，因此她藉著積極的態度來贏得上司肯定，進而獲得前往澳門歷練的機會。在澳門，她的待遇不僅倍增為五萬多元，還因為外國人身分而享有其他補助與福利。

Belle 在澳門也有不少新發現：當地發展博奕產業，政府提供就業保障，因此澳門青年不怕失業，很多人高中畢業就進到賭場工作，卻也容易忽略持續自我充實的重要性；另一方面，她也接觸到許多中國大陸的朋友，察覺到中國大陸學生已經崛起，除了基本的專業能力之外，對工作的專注與投入更不容小覷。

這些發現讓她明瞭走出臺灣後的世界已不如過去單純，因而更加確信自己必須保有好學、上進的心，並比其他人付出更多努力，才能讓自己在變動迅速的就業市場上擁有堅實的後盾。

啟示

看清自身的優劣勢，並展現自信與企圖心，以開放的心態接受挑戰，把握機會為自己加值，才能持續提高自身就業的移動力，進而贏取高薪工作的機會。

護理系畢業的 Helen

Helen 曾在榮民醫院服務，接觸的往往都是孤苦無依的老伯伯，或是其他醫院不收的窮苦病患。Helen 表示，雖然臺灣護理師的待遇不如國外，而且工作多、工時長、需要隨時待命，但這是選擇這份工作必須承擔的責任，而她也很享受與病人互動的過程。

善於將心比心的她這麼說：「如果自己生了病，躺在病床上沒人關心，那種孤單感很可怕。因為感受到生病的恐懼，促使我有種動力想去關心他們。」不過，雖然幫助病患的後續醫療行為很重要，但她漸漸發現要更能解決人們面臨的苦痛，預防病變是遠更重要的事情，因此她決定暫停工作出國念書，希望增進醫護知識，之後進到社區服務，幫助人們進行「預防醫學」。

啟示

Helen 工作時投注許多熱情與執著，她不僅僅把工作定位成「賺錢吃飯」的工具，而是賦予它意義，並當成自己生活重要的一部分，這讓她自然而然去思考眼前所見的問題，並嘗試找出解決之道。這些不只讓她更有可能獲得較佳的工作，也讓她在工作時更充實愉快。

國貿系畢業的 Carl

Carl 大學畢業之後，待過幾家金融機構擔任信用卡部門的員工，主要工作是信用卡行銷。由於這些公司採取業績分紅制度，因此底薪大約只有二萬元上下，其餘的紅利必須靠行銷業績去爭取。不少人能靠這份工作月入五、六萬元，但往往處於生活壓力大、品質差的狀態，因而更容易用「消費」的方式抒解壓力，最後薪水反而入不敷出。

Carl認為這樣的工作前景不佳，又考量臺灣產業的萎縮、中小企業過多，對於臺灣就業環境期望不高，因此他已在經濟狀況許可的情況下，辭職準備托福考試，打算出國進修充實自己的實力。

啟示

高薪與工作壓力、生活品質不易取捨，而出國深造來提高未來薪資也許是解決其中矛盾的可行作法。不過，深造時不可抱著「為念書而念書」的心態，行動前應先瞭解自己的不足，以及高薪工作的技能需求。畢業後如能在國外累積實務經驗再回國服務，則相對於國內就業者，不只具備語言優勢，還有豐富的經驗，更有機會贏取高薪。

醫學系畢業的 Daniel

Daniel 目前擔任駐院醫師，月薪人約六萬元出頭。在全民健保之下，醫師的收入已不如以往，再加上媒體過度渲染醫病關係，使得現在醫界往往動輒得咎，一場醫療訴訟就可能賠上一輩子努力的成果，甚至毀了自己的前途。

另一方面，臺灣的醫療水準頗負盛名，可是醫護人員待遇和國外卻不成比例。舉例而言，臺灣醫師與歐美醫師的收入可以相差二十倍之多，原因在於歐美國家的醫療費用高，看病需要的花費多；反觀臺灣，雖然全民健保這個社會福利幫助了許多窮困、亟需醫療資源的民眾，卻也導致醫師每日看診過多、醫療品質下降，以及醫師受到的尊重減少（醫療訴訟、病人質疑小醫院或診所醫師的專業等）等問題，間接促成臺灣年輕醫師集體出走的念頭。

由於醫學本身是橫跨非常多領域的學科，因此醫學系的學生在生涯規劃上通常沒有太多限制，即便讀到一半才發現醫學並非自身興趣，仍能適時調整找到自己的學習方向。Daniel 就有不少同學跨業尋求生涯規劃，例如，有位同學是語言天才，精通十國語言並已取得醫師執照，但最後興趣使然而選擇擔任私人秘書；另一位則是不當醫師，選擇自己成立生技公司，將國外的抗老化生物科技引進臺灣。

啟示

擁有跨領域技能而非單一專長的人才，比較有轉換跑道的能力，而決定跑道時，除了考量薪資以外，興趣、成就感也是關鍵。倘若沒有興趣，謀生的行業只能算是「工作」(job)；相對地，自己有興趣、有成就感的職業，才稱得上「生涯」(career)。因此個人進行生涯規劃時應加以考量，並勇敢走出屬於自己的道路。

勞工關係科系畢業的 Edgar

Edgar 從國立大學畢業後，選擇先服完兵役後再考研究所，繼續鑽研勞工關係的學問。但他考量到勞工關係科系較為冷門，對於未來的出路有所徬徨，便毅然決然地投入公職考試，並順利考取高考，起薪約四萬五千元。

Edgar 對基本工資、資方給予勞工的福利、勞動市場供需關係等議題，都有自己的想法與見解，因此雖然他是為了謀求一份工作而報考，但仍期待能將自己的所學應用在工作上，以增進臺灣的福祉。

啟示

公務員是較為穩定、規律的工作，但仍須不斷努力學習，培養創新思考的能力及個人獨到的見解，以提高未來升遷的機會。

會計系畢業的 Flora

Flora 選擇以會計作為自己的一技之長，她認為自己的專長是工商社會的「必需品」，所以在找工作上並沒有太大的憂慮；另一方面，她覺得收入夠用就好，對於薪水並不是那麼渴望。

會計這行的基本起薪大約是二萬八千元左右，並隨著年資有所調整。不過，欲贏取優渥的待遇，則需要到勤業眾信、安永、安侯建業及資誠等四大會計師事務所工作，取得歷練資歷。

Flora 對未來的規劃並未思索太多，她隨遇而安的個性或許是面對環境變動時的一種優勢吧，就這樣默默地付出，一點一滴、腳踏實地，過著簡單而樸實的生活。

啟示

優質就業不必然是高薪的工作，適合自己，同時讓人有時間可以在下班後從事自己的興趣、活動，也是另一種「小確幸」及優質的工作！

法律系畢業的 Gill

在國家考試正夯以及律師錄取率大幅提升的時代裡，多數的法律系學生如何規劃自己的職涯？相較於其他科系對就業的迷惘，法律系學生倒是有許多明確的選擇，譬如先考律師執照再進入職場（無論是否執業），或是直接報考司法官考試，進入司法機關工作等。

也許是因為法學訓練重視「按規矩」走的原則，所以 Gill 談到就職時的起薪，表示自己並不會太過在乎；「只要有努力工作表現的機會，自然就能挑戰高薪」，她一臉自信地說著。她同時也知道，隨著全球掀起「專利大戰」的趨勢，許多大公司對於法務部門的依賴大幅提升，因此只要能在法務部門待上幾年，基本上薪水都能直線上升。

啟示

除了自身的專業與自信外，對工作的表現與企圖心也相當重要。由於法律這門學問是隨時代變更且需要長時間的經驗累積，因此起薪高低並不重要；真正的重點在於能否不斷學習並精進專業，提高自己的受僱價值，讓未來的薪水大幅躍升。

到澳洲旅遊打工的 Ivan

Ivan 說，雖然在媒體的描繪下，澳洲好像滿地黃金等著挖，但實際上，當地較為穩定的「打工」必定是澳洲人最不願意做的屠宰場、農場等工作，必須付出許多勞力；倘若想去當地餐廳或東方人的公司上班，除了難度較高以外，有時還得忍受少數偏激人士的歧視以及黑心老闆的壓榨等。再加上澳洲消費水準較高，往往賺到的錢還沒存下來，就先進到當地人的口袋。一般而言，一年能賺到五十萬新臺幣就算相當不錯了。

既然如此，為什麼 Ivan 還要跑到澳洲去當「臺勞」吃苦？他說，國外打工旅遊所帶來的體驗，以及因此所開拓的視野是無可取代的；此外，在異鄉磨練一陣子也對日後工作及生活有所助益。Ivan 還提到，在澳洲最常見到的東方面孔不是華人，而是韓國人，與他們聊天後才知道，韓國政府相當鼓勵年輕人到海外打工旅遊、增廣見聞。

啟示

Ivan到澳洲打工旅遊不僅加強自己的適應能力，還藉此增廣見聞，提升自身的移動力，讓他在接下來求職時，履歷上能增添更加豐富的內容，並凸顯自己的獨特性。

幫自己創造優質工作

對年輕人而言，除了尋覓優質工作以外，「創業」也不失為脫離低薪惡夢的方法之一，畢竟年輕人比較沒有那麼多包袱，而且有更多的時間與精力可以放手一搏。不過，不少資料顯示，創業大約只有三～四成的成功率，而且如果創業資金不是自己的積蓄或父母的贈與，而是來自銀行或親友的借款，那擔心賠本負債所帶來的壓力就更大了。接下來，筆者提供創業時可遵循的幾個步驟，有助於提高創業的成功率。

認識自己

首先，創業前必須先瞭解自己的個性，是積極樂觀、勇於冒險、不怕麻煩？還是喜歡安定、平穩的步調？因為創業必須面臨籌錢、備料、會計、法規等一連串的繁雜問題，容易讓人手忙腳亂。

其次，創業容易遇到大大小小的挫折與壓力，需要具有耐性、懂得正向思考，並善於溝通、學習以及和他人合作，才有辦法堅持下去、一路披荊斬棘。當然，若創業的行業能與個人的興趣相結合，做起來也更容易充滿熱情，成功的機率自然也比較大。

確定目標

選擇創業之前，應該先問自己一個問題：為什麼想要創業？為了餬口、增加財富，還是為了實現自己的創意及理想？弄清楚自己的目標，才能研擬對應的策略，並穩健地按照自己的步伐加以落實。

例如，若是為了餬口，背負的時間壓力就相對較大，因此制訂較為保險的計畫、徵詢各方意見以免犯錯，可能是比較好的策略。相對地，如果是為了實現創意及理想，就需要針對長期做更妥善的規劃，包括瞭解投入行業所需的成本及經營現況（產品特性、功能、潛在客戶、競爭情形）、市場情況（市場規模及潛力、銷售方式、促銷作法、產品定位等）、償貸計畫（預估償還貸款來源、如何分期履行）、合夥人（特質、合作可能性）等。

不論目標為何，創業最忌諱的就是一窩蜂趕流行、為創業而創業，因為這樣做代表沒有深思熟慮、下定決心，在草創階段一旦營收不佳，堅持下去的勇氣就會大打折扣，即使勉強熬過一段時日，最終也會因為過度競爭、缺乏專業或發展不具特色而失敗。

具體出擊

目前坊間也有一些創業培訓班，能提供相關的協助，提高成功的機率。不過，報名前一定要先瞭解培訓業者的辦學資格與經驗，最好具有官方的認可或授權。再者，記得保留培訓業者發放的資料，除了參考其資訊以外，也可保留作為未來開業糾紛時，保障自己權益的證據。

若要透過網路創業，那麼在講求分眾市場的今日，必須制訂與眾不同的店名，並找到獨特的商品，才可以建立品牌。此外，和客戶保持聯絡，隨時告訴他們新商品及優惠活動，才能使顧客回流，一旦建立口碑，透過相互推薦，效果比廣告還有效。

參與連鎖加盟、幫自己開個店長的缺，也是年輕人創業的方式之一。

這種作法可以享有品牌效應以及總部提供的資訊、後勤物流、教育訓練及標準作業程序(SOP)，較不易犯錯；但缺點在於加盟金高昂，目前市場上的飲料加盟金已高達百萬元，便利商店也有類似價碼。另一方面，總部供貨時的材料價格、總部營運出事的連帶風險，以及相關的合約糾紛也會帶來風險。所以加盟時必須先瞭解權利金、加盟金高低及相對的權利（輔導、訓練、合約保障等）、義務（公司採購、集體促銷、法律規範等），同時多方打聽總部的口碑（有些總部在加盟店虧損時，會加以診斷、輔導、甚至購入協助退場；有些則不會），以及目前的競爭態勢及未來產業前景。最後，簽約前應多諮詢法律專家，確保自身的權益。

善用資源

創業維艱，最難的就是起步階段，因此若能充分掌握與創業、就業相關的優惠政策，善用創業諮詢、創新育成中心、大專院校創業課程、創業貸款等政府資源，就能達到事半功倍之效。

此外，利用時下的網通工具瞭解產業的發展趨勢，以及創業成功與失敗案例，從中找到自己的比較利益及獨特性，並透過政府與民間的創業平臺分享資訊，找有經驗的人提供指導，也可以經由上課、培訓方案結交同好與同行，互相切磋。

最後，由於創業的選擇和資金多寡有一定的關係，本金少的行業往往也是進入障礙較低的行業，但這類市場上的產品同質性高，殺價競爭的結果，利潤也相對黯淡；而需要大本錢的行業進入障礙較高，若能成功立足就可享受豐富的獲利，但也必須承擔較高的失敗風險。因此，創業之前務必也要認清自己對於風險及損失的承受能力。

創業資訊

青年創業及圓夢網 (http://sme.moeasmea.gov.tw/SME/)

由經濟部中小企業處架設之網站，內容有「創夢啟發」、「圓夢輔導」、「投資融資」及「創新研發」四大創業政策主軸，共計彙整十三個部會、四十八項計畫之創業輔導資源。使有志創業者可全盤瞭解「創業」的承先啟後。

大專畢業生創業服務計畫(U-START) (http://ustart.moe.edu.tw/)

為建立大專校院產學合作創新創業機制，提供甫出大學校門青年一個實踐夢想的創業實驗場域，教育部自二〇〇九年起推動「大專畢業生創業服務計畫」（簡稱 U-START 計畫），即以產學合作計畫為基礎，適時利用微型創業的彈性及育成協助，提升大專畢業生創業機會，期激發大專校院產學合作能量及提升校園創新創業文化。

中小企業創新育成中心 (http://incubator.moeasmea.gov.tw/)

育成中心 (Incubation Centers) 是以孕育新事業、新產品、新技術及協助中小企業升級轉型的場所，藉由提供進駐空間、儀器設備及研發技術、協尋資金、商務服務、管理諮詢等有效地結合多項資源，降低創業及研發初期的成本與風險，創造優良的培育環境，提高事業成功的機會。

第六章 路是人走出來的

曾聽過大學新鮮人互相開玩笑說「你別像是個高中生！」，也曾看過鄰居小孩念高中時，對於國中生的叛逆行為不屑一提，似乎隨著年歲漸長，人們容易忘記自己國中也曾經叛逆、高中也曾青澀天真，因而落入倚老賣老的盲點之中。於是，現在的「前輩們」對年輕人毫不留情地大加批判，卻不記得自己過去也是少不經事、理想性高，更忽略了時下「青貧」問題的根源。

的確，現代年輕人在相對安逸的環境中成長，遇到困難有父母幫忙處理，食衣住行育樂大都不用發愁；然而，雖然社會普遍給年輕人一個輕鬆學習、隨興生活的舒適圈，卻沒有告訴他們全球化的競爭壓力，也未賦予能因應挑戰的工具，更沒有塑造能使教育與產業發展更契合的環境，使得年輕人直到畢業出社會才知道起薪微薄、社會的競爭與殘酷，並被迫承擔上一代種種錯誤抉擇所產生的苦果。

在此困境下，對年輕人而言，無論上一世代給予多少標籤，都不應灰心喪志，而是應該積極向前，才能提高自己的就業移動力，在全球化潮流中立於不敗，贏取較高的薪水。接下來，我們將前面說過的作法作一總結。

整備自己

過去大學錄取率只有一〇～二五％，因此只要能大學畢業，不要太混就可以按部就班升遷，也有絕佳的機會出人頭地。但現在大學生滿街跑，因此，必須努力整備自己，培養專業以及跨領域的能力，避免只有單一專長，並掌握人脈、加強語言能力，讓自己不僅能在臺灣的跨國企業工作，也掌握海外就業的可能。

此外，近年流行取得執照來增加工作機會，但報考前必須瞭解執照未來的價值，以會計師、律師、醫師為例，雖然待遇不錯，但在執照大幅放寬錄取人數後行情便不如以往。

至於該不該出國深造呢？如果家境許可，前往國外念書可以加強語言及國際視野，若畢業後能在國外取得工作經驗及一定職位，將來回臺更容易爭取中高階職位，而且工作時也能作為參考，薪水比較容易有所突破。

另外值得注意的是，曾有立法委員提及自己女兒有五國語言能力，且工作時間也不短，但薪水仍偏低。事實上，語言只是運用的工具，必須依附在「專業」之上才有加值效果，例如有「工程、經濟、管理」領域的專長，才能成為工程、管理上的翻譯、口譯人才，或協助工程產品、服務的行銷、推廣。

除了實力以外，行銷包裝也很重要，個人必須發揮創意凸顯自己的差異性，才不會淹沒在眾多大學生的人潮中。以找工作而言，在遞履歷表時先對應徵公司有所瞭解，甚至提出企劃案來說服應徵公司。筆者曾親身經歷過應徵者以中文、英文、法文介紹自己，並發表論文，因而印象深刻。

選對行業

這裡所謂的「對」的行業，包括了高薪的工作機會，或薪水中等，但可追求個人興趣或具彈性空間的工作機會。選擇未來較具潛力行業的大原則如下：一、由上而下發展的產業，例如政府推動的生物科技、綠能產業、精緻農業、觀光、醫療照護、文化創意等六大新興產業；二、由下而上支撐的產業，也就是GDP、就業成長率較高的行業，例如支援服務業、藝術、娛樂及休閒服務、資訊及通訊傳播業及批發零售業等，以及觀光人潮增加可以帶動商機的領域；三、平均薪資較高的行業，例如資訊與通訊傳播業、專業、科學及技術服務業、醫療保健服務等。

若是選擇進入製造業，求職時務必先瞭解各公司在整體產業中屬於附加價值高或低的一端，有無品牌及通路，在未來產業競爭中有無好的條件。例如，自行車、工具機，利基型的電子資訊業、生技產業等，其他國家較難與臺灣競爭，未來的發展機會比較大。

若是選擇進入服務業，則可根據政府擴大來臺觀光以及加速服務業輸出大陸、東協的政策，選擇觀光相關的服務業，包括休閒旅遊、航空、運輸、文創、民宿飯店等領域，或是選擇有耕耘大陸、東南亞的國際化服務業，包括餐飲服務、工業設計、資訊服務、文創服務、物流業等。當然，各行業薪水差異大，例如住宿餐飲業雖然工作機會多，但平均薪資也較低。因此，最好選擇有品牌、通路的公司，若公司有上市櫃或連鎖加盟則更好。

筆者在課堂上曾遇過學生提問，未來有哪些工作可以拿到月薪百萬，這個目標雖不易達到，但如果保持定力循著一定路徑，按部就班發展仍有機會，相關工作包括：一、有二、三十年經驗的知名醫師；二、有二、三十年經驗，並能開發客戶的合夥人律師、會計師；三、銀行業的資深高階經理人；四、創業成功，並將公司上市櫃的老闆；五、具潛力領域之科技業的核心主管，並有分紅配股的公司員工等。

至於在創業方面，必須先瞭解自己的性向，對產業的優勢、供應商的配合及客戶的需求也有充分認識，並懂得善用政府資源、政策，才能大幅提高成功的機會。切忌因為失業而汲汲於創業，匆促上路，以免從失業衍生出經營不善、債臺高築的大問題。

掌握政策發展及國際趨勢

臺灣現行的產業政策包括：自由經濟示範區、三業四化、中堅企業、六大新興產業、十項重點服務業、四大智慧型產業，以及《ECFA服務貿易協議》開放的電子商務、金融證券保險、文化創意及連鎖加盟服務業等。此外，近年的政策走向致力於發展品牌、通路以加速升級轉型，並結合美學、設計、綠色、文化來提升產品或服務的附加價值。

在國際經貿情勢的變化上，金融風暴及歐債危機後，全球成長引擎一度移轉到東協、金磚四國等新興工業國家，但在美國QE逐步退場後，又逐漸回到了美國、日本、中國大陸身上。此外，社會M型化、高齡化及少子女化，以及環保議題、氣候變遷等，也是我們在找工作時值得加以注意的。

終身學習

在資訊爆炸時代的就業形態裡，年輕人除了自身的專業以外，更必須養成終身學習的觀念，時時抱持著好奇心，關注時事、民意、政策及社會的走向。如果進入職場就不再學習，那麼該拿什麼條件、籌碼去爭取更高的待遇與職位？倘若沒有相對提升的工作能力，又該如何肩負重任？持續學習做好準備，在過程中耐心等待機會來臨，到時才能好好把握，使自己可以發光發熱。

值得注意的是，當工作不順遂時，是否應該繼續深造，取得更高的學歷？答案是不盡然如此。因為現在教育的投資報酬率遠遠低於以往，所以如果目標明確，就學深造的確可以幫自己加值，有助於找到更好的工作；但如果只是為了念書而念書，到頭來反而浪費了自己人生中的大好時光。

為公司創造附加價值

開始工作後，不要一味埋頭苦幹，要細心觀察產業的每個環節，從上游的備料、購買設備儀器、研究發展、設計，到中游的製造、工程服務，乃至下游的品牌、通路、銷售等，具備完整的認識才能運用創新、創意來幫助公司創造附加價值或節省成本，凸顯自己對公司的價值，讓主管、老闆發出驚艷的讚嘆，進而成為公司不可或缺的員工。

自我的追尋

說到底，年輕人雖然畢業於不同科系，有著相異的職業及想法，但希望獲得較好的薪資與發展，也是因為有想要實現的自我價值，無論這些價值是穩定的生活、成為老闆、貢獻一己之力改善社會環境等。要想達成自我實現，別忘了要樂於為他人付出，無論對象是家人、朋友，甚或不認識的陌生人。因為抱持勇於「付出」的心，才能讓自己不斷獲得動力持續前進，在受挫、迷惘之時，仍有這麼一點星火閃爍，指引自己努力向前。

最後，無論外在環境如何定義、給予標籤，草莓族也好、失落的一代也罷，別忘了，未來是掌握在自己手上，而非取決於外在詞彙。持續拓展自己的國際觀、重新定義學歷價值、養成自己獨立思考的能力，對於新事物充滿好奇。那麼，便能擁有不一樣的視野、處變不驚的內涵，足以挑戰這個世界的種種考驗。

推薦閱讀

打造鑽石級企業：創新和研發的五大秘密

黃國興／著

在美國矽谷從事二十多年創新和研發工作的大偉，觀察臺灣的大學畢業生起薪緩漲、產業轉型不足、中國大陸與韓國的興起等面向後，發現臺灣產業已經失去競爭優勢，處於危急存亡之秋。

本書針對臺灣產業的弊病，以中西方各大知名企業的興衰為借鏡，提出「創新和研發」是唯一的解決之道，除了藉由「創新和研發的五大秘密」一窺創新和研發的關鍵，還剖析臺灣企業和Apple、Samsung的相異之處，帶領您一同見證產業的轉型與重生。只要依循這五大秘密，各行各業都能夠打造出堅實不摧的鑽石級企業！

創新和研發的五大秘密：

1. 創造顛覆性產品
2. 世界級的核心技術
3. 不斷實驗式的創新
4. 機密、謹慎和保護智慧財產
5. 世界級的創新團隊和環境

贏在這一秒

黃國興／著

為什麼只有少數人過著成功、健康、充實的人生？
什麼因素主宰成功和失敗，掌握個人的人生和命運？
是家世、背景、環境嗎？

本書提供十五門成功人士的必修學分，讓您掌握成功的祕訣，您的決定可以主宰成功和失敗。藉著體能、智能、情感能力和精神能力的訓練，本著正面積極的人生態度，每個人都可以過著青春、活力、充實、快樂的人生。
成功的起始點在於「這一秒的決定」！

通關密碼：A9397

憑通關密碼
登入就送100元e-coupon。
(使用方式請參閱三民網路書店之公告)

生日快樂
生日當月送購書禮金200元。
(使用方式請參閱三民網路書店之公告)

好康多多
購書享3%～6%紅利積點。
消費滿250元超商取書免運費。
電子報通知優惠及新書訊息。

超過百萬種繁、簡體書、外文書5折起
三民網路書店 www.sanmin.com.tw